Impressum

Saage Media GmbH
c/o SpinLab – The HHL Accelerator
Spinnereistraße 7
04179 Leipzig, Germany
E-Mail: contact@SaageMedia.com
Web: www.SaageMedia.com
Commercial Register: Local Court Leipzig, HRB 42755 (Handelsregister: Amtsgericht Leipzig, HRB 42755)
Managing Director: Rico Saage (Geschäftsführer)
VAT ID Number: DE369527893 (USt-IdNr.)

Publisher: Saage Media GmbH
Veröffentlichung: 02.2025
Umschlagsgestaltung: Saage Media GmbH
ISBN-Softcover (de): 978-3-384-53293-0
ISBN-Ebook (de): 978-3-384-53294-7

Rechtliches / Hinweise

Die in diesem Buch aufgeführten externen Links und Quellenverweise wurden zum Zeitpunkt der Buchveröffentlichung geprüft. Auf die aktuellen und zukünftigen Gestaltungen und Inhalte der verlinkten Seiten hat der Autor keinen Einfluss. Für illegale, fehlerhafte oder unvollständige Inhalte sowie für Schäden, die durch die Nutzung oder Nichtnutzung der Informationen entstehen, haftet allein der Anbieter der verlinkten Website, nicht derjenige, der über Links auf die jeweilige Veröffentlichung verweist. Alle verwendeten externen Quellen sind im Literaturverzeichnis aufgeführt. Trotz sorgfältiger inhaltlicher Kontrolle übernehmen wir keine Haftung für die Inhalte externer Quellen. Für den Inhalt der zitierten Quellen sind ausschließlich deren Betreiber verantwortlich. Bilder und Quellen Dritter sind als solche gekennzeichnet. Die Vervielfältigung, Bearbeitung, Verbreitung und jede Art der Verwertung außerhalb der Grenzen des Urheberrechtes bedürfen der schriftlichen Zustimmung des jeweiligen Autors bzw. Erstellers.
Die Daten in den Diagrammen, die nicht explizit mit einer Quelle gekennzeichnet sind, basieren nicht auf Studien, sondern sind unverbindliche Annahmen zur besseren Visualisierung.
Dieses Buch wurde unter Verwendung von Künstlicher Intelligenz (KI) und anderen Tools erstellt. Unter anderem wurden Tools für die Recherche, das Schreiben/Lektorieren und die Generierung der dekorativen Illustrationen eingesetzt. Trotz Kontrolle können Fehler nicht vollständig ausgeschlossen werden. Wir möchten betonen, dass der Einsatz von KI als unterstützendes Werkzeug dient, um unseren Lesern ein qualitativ hochwertiges und inspirierendes Leseerlebnis zu bieten.

Die in diesem Buch enthaltenen Quellenverweise und Zitate wurden sorgfältig recherchiert und sinngemäß wiedergegeben. Die Interpretation und Darstellung der zitierten Inhalte spiegelt die Auffassung des Autors wider und muss nicht zwangsläufig mit der Intention oder Meinung der ursprünglichen Autoren übereinstimmen. Bei sinngemäßen Zitaten wurden die Kernaussagen der Originalquellen nach bestem Wissen und Gewissen in den Kontext dieses Werkes eingebettet, können jedoch durch die Übertragung und Vereinfachung von den ursprünglichen Formulierungen und Bedeutungsnuancen abweichen. Alle verwendeten Quellen sind im Literaturverzeichnis vollständig aufgeführt und können dort im Original nachgelesen werden. Die Verantwortung für die Interpretation und kontextuelle Einbettung der zitierten Inhalte liegt beim Autor dieses Buches. Bei wissenschaftlichen Fragestellungen und Detailinformationen wird empfohlen, die Originalquellen zu konsultieren. Der Autor hat sich bemüht, komplexe wissenschaftliche Sachverhalte allgemeinverständlich darzustellen. Dabei können Vereinfachungen und Verallgemeinerungen nicht ausgeschlossen werden. Für die fachliche Richtigkeit und Vollständigkeit der vereinfachten Darstellungen kann keine Gewähr übernommen werden. Die sinngemäße Wiedergabe von Zitaten und wissenschaftlichen Erkenntnissen erfolgt gewissenhaft unter Beachtung des Zitatrechts gemäß § 51 UrhG sowie aller relevanten urheberrechtlichen Bestimmungen anderer Länder. Bei der Vereinfachung, Übertragung und gegebenenfalls Übersetzung wissenschaftlicher Inhalte in eine allgemeinverständliche Sprache können Bedeutungsnuancen und fachliche Details verloren gehen. Der Autor erhebt keinen Anspruch auf die Rechte der zitierten Werke und respektiert sämtliche Urheberrechte der Originalautoren. Sollte eine unerlaubte Nutzung festgestellt werden, bittet der Autor um Mitteilung, um entsprechende Maßnahmen zu ergreifen. Für akademische Zwecke und bei der Verwendung als wissenschaftliche Referenz wird ausdrücklich empfohlen, auf die Originalquellen zurückzugreifen. Die vereinfachte Darstellung dient ausschließlich der populärwissenschaftlichen Information.

Die in diesem Buch enthaltenen Informationen zur antientzündlichen und basischen Ernährung sowie zu therapeutischen Ernährungskonzepten wurden sorgfältig recherchiert, erheben jedoch keinen Anspruch auf Vollständigkeit. Sie ersetzen keinesfalls die individuelle Beratung durch qualifizierte Ärzte, Heilpraktiker oder Ernährungsberater. Vor Beginn einer Ernährungsumstellung, insbesondere bei bestehenden Vorerkrankungen, chronischen Entzündungen oder der Einnahme von Medikamenten, sollten Sie unbedingt Ihren behandelnden Arzt konsultieren. Die vorgestellten Ernährungskonzepte und Rezepte können individuell unterschiedliche Wirkungen haben. Die beschriebenen Heilwirkungen bestimmter Lebensmittel und Gewürze basieren teilweise auf traditionellen Erfahrungen der mediterranen und asiatischen Heilküche und sind nicht in allen Fällen wissenschaftlich belegt. Ernährungsempfehlungen und als gesundheitsfördernd beschriebene Wirkungen können sich durch neue wissenschaftliche Erkenntnisse seit Drucklegung geändert haben. Für eventuelle gesundheitliche Schäden, die aus der Anwendung der vorgestellten Ernährungskonzepte resultieren, kann keine Haftung übernommen werden. Die eigenverantwortliche Umsetzung der Empfehlungen erfolgt auf eigenes Risiko. Die verwendeten Marken- und Produktnamen sind Eigentum ihrer jeweiligen Inhaber, auch wenn dies nicht gesondert gekennzeichnet ist. Die wissenschaftlichen Quellen für die Ernährungsempfehlungen sind im Anhang aufgeführt.

Bendis Saage

Antientzündliche Ernährung: basische Ernährung

Der praktische Leitfaden für entzündungshemmende Diät - Mit therapeutischen Ernährungskonzepten aus der mediterranen und asiatischen Heilküche

102 Quellen
45 Diagramme
75 Bilder
7 Illustrationen

Liebe Leserinnen, liebe Leser,

von Herzen danken wir Ihnen, dass Sie sich für dieses Buch entschieden haben. Mit Ihrer Wahl haben Sie uns nicht nur Ihr Vertrauen geschenkt, sondern auch einen Teil Ihrer wertvollen Zeit. Das wissen wir sehr zu schätzen.

Chronische Entzündungen gelten als Ursprung vieler moderner Zivilisationskrankheiten. Doch die richtige Ernährung kann ein wirkungsvoller Schlüssel zur Linderung sein. Dieses Fachbuch verbindet traditionelles Heilwissen aus der mediterranen und asiatischen Küche mit aktuellen wissenschaftlichen Erkenntnissen zur entzündungshemmenden Ernährung. Es zeigt auf, wie bioaktive Pflanzenstoffe und ein ausgewogenes Säure-Basen-Verhältnis Entzündungsprozesse im Körper positiv beeinflussen können. Mit diesem praktischen Leitfaden lernen Sie, wie Sie antientzündliche Lebensmittel optimal in Ihren Alltag integrieren. Von der Auswahl der richtigen Zutaten über schonende Zubereitungsmethoden bis hin zu alltagstauglichen Mahlzeitenplänen - hier finden Sie das nötige Handwerkszeug für eine nachhaltige Ernährungsumstellung. Ein fundierter Ratgeber, der Theorie und Praxis intelligent verknüpft und Sie Schritt für Schritt zu einer gesünderen Ernährung führt. Entdecken Sie jetzt die heilende Kraft antientzündlicher Ernährung und geben Sie Ihrem Körper die Unterstützung, die er verdient.

Dieser Ratgeber bietet Ihnen verständlich aufbereitete und praxisnahe Informationen zu einem komplexen Thema. Dank selbst entwickelter digitaler Tools, die auch neuronale Netze nutzen, konnten wir umfangreiche Recherchen durchführen. Die Inhalte wurden optimal strukturiert und bis zur finalen Fassung ausgestaltet, um Ihnen einen fundierten und leicht zugänglichen Überblick zu ermöglichen. Das Ergebnis: Sie erhalten einen umfassenden Einblick und profitieren von klaren Erklärungen und anschaulichen Beispielen. Auch die visuelle Gestaltung wurde durch diese fortschrittliche Methode optimiert, damit Sie die Informationen schnell erfassen und nutzen können.

Wir bemühen uns um höchste Genauigkeit, sind aber für jeden Hinweis auf mögliche Fehler dankbar. Besuchen Sie unsere Website, um die aktuellsten Korrekturen und Ergänzungen zu diesem Buch zu finden. Diese werden auch in zukünftigen Auflagen berücksichtigt.

Wir hoffen, Sie haben viel Freude beim Lesen und entdecken Neues! Sollten Sie Anregungen, Kritik oder Fragen haben, freuen wir uns über Ihre Rückmeldung. Nur durch den aktiven Austausch mit Ihnen, den Lesern, können zukünftige Auflagen und Werke noch besser werden. Bleiben Sie neugierig!

Bendis Saage

Saage Media GmbH - Team

- www.SaageBooks.com/de
- support@saagemedia.com
- Spinnereistraße 7 - c/o SpinLab – The HHL Accelerator, 04179 Leipzig, Germany

Schnell zum Wissen

Für ein optimales Leseerlebnis möchten wir Sie mit den wichtigsten Merkmalen dieses Buches vertraut machen:

- **Modularer Aufbau:** Jedes Kapitel ist in sich abgeschlossen und kann unabhängig von den anderen gelesen werden.
- **Fundierte Recherche:** Alle Kapitel basieren auf gründlicher Recherche und sind mit wissenschaftlichen Quellenangaben belegt. Die in den Diagrammen dargestellten Daten dienen der besseren Visualisierung und beruhen auf Annahmen, nicht auf den in den Quellen angegebenen Daten. Eine umfassende Liste der Quellen und Bildnachweise befindet sich im Anhang.
- **Verständliche Terminologie:** Unterstrichene Fachbegriffe werden im Glossar erläutert.
- **Kapitelzusammenfassungen:** Am Ende jedes Kapitels finden Sie prägnante Zusammenfassungen, die Ihnen einen Überblick über die wichtigsten Punkte geben.
- **Konkrete Handlungsempfehlungen:** Jedes Subkapitel schließt mit einer Liste konkreter Ratschläge ab, die Ihnen helfen sollen, das Gelernte in die Praxis umzusetzen.

Zusätzliche Bonus-Materialien auf unserer Website

Auf unserer Website planen wir Ihnen folgende exklusive Materialien zur Verfügung zu stellen:

- Bonusinhalte und zusätzliche Kapitel
- Eine kompakte Gesamtzusammenfassung
- Eine Hörspiel Version. (In Planung)

Die Website befindet sich derzeit noch im Aufbau.

www.SaageBooks.com/de/
antientzuendliche_ernaehrung-bonus-CZK99J

Inhaltsverzeichnis

1. Grundlagen der antientzündlichen Ernährung

Haben Sie sich schon einmal gefragt, warum manche Menschen trotz gesunder Ernährung unter chronischen Entzündungen leiden? Die Antwort liegt oft in der Zusammensetzung unserer täglichen Mahlzeiten und deren Wirkung auf den Säure-Basen-Haushalt des Körpers. Moderne Ernährungsgewohnheiten können den Organismus in einen dauerhaften Alarmzustand versetzen, der Entzündungsprozesse begünstigt. Die Natur bietet jedoch einen reichen Schatz an Lebensmitteln, die aktiv zur Heilung beitragen können. In diesem Kapitel entdecken Sie die fundamentalen Prinzipien einer Ernährungsweise, die Ihren Körper dabei unterstützt, sein natürliches Gleichgewicht wiederzufinden.

1. 1 Wirkungsweise entzündungshemmender Lebensmittel

Chronische Entzündungen spielen eine Schlüsselrolle bei der Entstehung vieler Krankheiten. Entzündungshemmende Lebensmittel bieten das Potenzial, diesen Prozessen entgegenzuwirken und die Gesundheit positiv zu beeinflussen. Doch wie genau greifen diese Lebensmittel in unseren Stoffwechsel ein und welche Substanzen sind dafür verantwortlich? Dieser Abschnitt erklärt die Wirkungsweise entzündungshemmender Lebensmittel, von den antioxidativen Mechanismen der sekundären Pflanzenstoffe bis zur Bedeutung der Stoffwechselregulation durch die richtige Auswahl von Nahrungsmitteln. Dabei betrachten wir die komplexen Zusammenhänge zwischen Ernährung und Entzündungsprozessen. Entdecken Sie die faszinierende Welt der entzündungshemmenden Ernährung und lernen Sie, wie Sie Ihre Gesundheit durch die richtige Lebensmittelauswahl aktiv unterstützen können.

Eine entzündungshemmende Ernährung wirkt nicht nur direkt auf Entzündungsprozesse, sondern beeinflusst auch den Stoffwechsel, indem sie die Bioverfügbarkeit von Nährstoffen und den Blutzuckerspiegel reguliert sowie das Lipidprofil optimiert.

Bioaktive Pflanzenstoffe

Bioaktive Pflanzenstoffe, darunter Polyphenole, Carotinoide und verschiedene sekundäre Pflanzenstoffe, beeinflussen zahlreiche Stoffwechselprozesse im Körper. Sie wirken unter anderem antioxidativ und entzündungshemmend. [s1] Diese Eigenschaften tragen dazu bei, den Körper vor oxidativem Stress und chronischen Entzündungen zu schützen, die mit der Entstehung verschiedener Krankheiten in Verbindung gebracht werden. [s2] Polyphenole, die in vielen Obst- und Gemüsesorten vorkommen, können beispielsweise die Aktivität von Entzündungsmediatoren reduzieren. [s3] Antioxidantien neutralisieren freie Radikale, die Zellen schädigen und Entzündungen fördern können. [s4] Ein regelmäßiger Verzehr von Obst und Gemüse ist daher ratsam. Insbesondere Beeren, grünes Blattgemüse und Nüsse sind reich an bioaktiven Pflanzenstoffen und können so zu einer entzündungshemmenden Ernährung beitragen. [s4] Auch Gewürze und Kräuter liefern wertvolle bioaktive Verbindungen. So enthalten Karotten beispielsweise Falcarinol und Falcarindiol, die entzündungshemmende Wirkungen zeigen. [s2] Ingwer mit seinen Gingerolen, Shogaolen und Paradolen wirkt ebenfalls entzündungshemmend, hauptsächlich durch die Hemmung bestimmter Signalwege. [s5] Bei der Auswahl von Ölen sollte auf Oliven-Öl geachtet werden, da die enthaltenen Omega-9-Fettsäuren die Immunantwort modulieren und Entzündungsmarker reduzieren können. [s2] Die positiven Effekte bioaktiver Pflanzenstoffe erstrecken sich auch auf die Knochengesundheit und können Osteoporose entgegenwirken. [s2] Darüber hinaus können sie Neuroinflammation, die bei neurodegenerativen Erkrankungen eine Rolle spielt, beeinflussen. [s2] Sesam, mit seinen Lignanen Sesamin und Sesamolin, bietet ebenfalls antioxidative und entzündungshemmende Vorteile. [s6] Sesamin kann unter anderem die Leber und Nieren schützen, indem es oxidative Stressreaktionen und Entzündungsmarker reduziert. [s6] Durch die Integration bioaktiver

Pflanzenstoffe in die tägliche Ernährung kann man also die Gesundheit positiv beeinflussen.

Carotinoide [i1]

Oxidativer Stress [i2]

Gut zu wissen

Bioaktive Pflanzenstoffe

Bioaktive Pflanzenstoffe, wie z.B. Flavonoide, können die Produktion von entzündungsfördernden Zytokinen reduzieren und so Entzündungen im Körper entgegenwirken.

Carotinoide

Carotinoide, wie z.B. Beta-Carotin, schützen Zellen vor oxidativem Stress und reduzieren die Entstehung von Entzündungen.

Chronische Entzündungen

Chronische Entzündungen sind anhaltende Entzündungsreaktionen, die zu verschiedenen Krankheiten beitragen können.

Entzündungsmarker

Entzündungsmarker sind im Blut messbare Substanzen, die auf eine Entzündung im Körper hinweisen.

Entzündungsmediatoren

Entzündungsmediatoren sind Botenstoffe, die Entzündungsreaktionen im Körper auslösen und verstärken.

Neuroinflammation

Neuroinflammation ist eine Entzündung des Nervensystems, die bei neurodegenerativen Erkrankungen eine Rolle spielt.

Sekundäre Pflanzenstoffe

Sekundäre Pflanzenstoffe können die Expression von Genen beeinflussen, die an Entzündungsprozessen beteiligt sind und so die Entzündungsreaktion modulieren.

Verteilung von entzündungshemmenden Phytochemikalien

Anteile gängiger entzündungshemmender Phytochemikalien in einer ausgewogenen Ernährung.

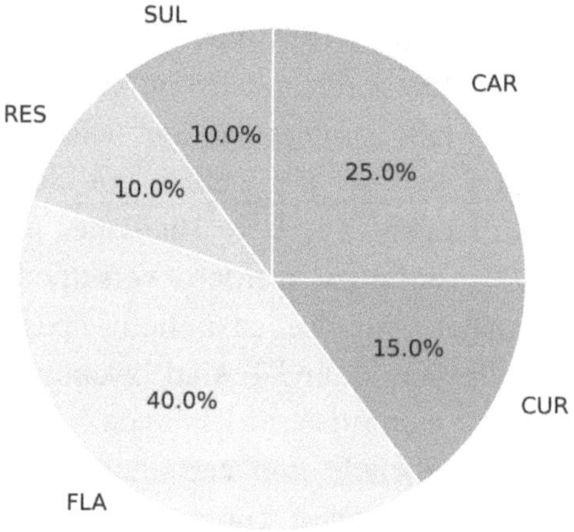

CAR: Carotinoide (z. B. Beta-Carotin, Lycopin)

CUR: Curcuminoide (z. B. Curcumin)

FLA: Flavonoide (z. B. Quercetin, Kaempferol)

RES: Resveratrol

SUL: Sulforaphan

Dieses Diagramm hebt die Vielfalt der entzündungshemmenden Phytochemikalien hervor, die durch eine abwechslungsreiche Ernährung verfügbar sind. Während Flavonoide einen erheblichen Anteil ausmachen, unterstreicht der Beitrag anderer Verbindungen wie Carotinoide und Curcuminoide die Bedeutung des Konsums einer breiten Palette von Obst, Gemüse und Gewürzen, um die entzündungshemmenden Vorteile zu maximieren. Eine ausgewogene Aufnahme dieser verschiedenen Phytochemikalien ist wahrscheinlich wirksamer als die Konzentration auf eine einzelne Quelle.

Antioxidative Mechanismen

Antioxidative Mechanismen spielen eine entscheidende Rolle im Kampf gegen freie Radikale und oxidativen Stress. Diese hochreaktiven Moleküle entstehen im Körper durch normale Stoffwechselprozesse, aber auch durch externe Faktoren wie Umweltverschmutzung und Rauchen. Freie Radikale können Zellen und Gewebe schädigen, indem sie wichtige Moleküle wie DNA, Proteine und Lipide angreifen. [s7] Dieser oxidative Schaden wird mit der Entstehung chronischer Erkrankungen, wie Herz-Kreislauf-Erkrankungen und Krebs, in Verbindung gebracht. [s8] Antioxidantien wirken, indem sie freie Radikale neutralisieren und so die Zellen vor Schäden schützen. Sie agieren als eine Art "Fänger" für freie Radikale, indem sie Elektronen abgeben, ohne selbst instabil zu werden. Verschiedene Nährstoffe und bioaktive Verbindungen in Lebensmitteln besitzen antioxidative Eigenschaften. Vitamine wie C und E sind bekannte Antioxidantien, die freie Radikale direkt neutralisieren können. [s9] Auch sekundäre Pflanzenstoffe, wie Polyphenole und carotinoide, die in Obst, Gemüse und Kräutern vorkommen, tragen zur antioxidativen Abwehr bei. Sie können unter anderem die Aktivität von Enzymen erhöhen, die freie Radikale abbauen und die körpereigene Produktion von Antioxidantien stimulieren. Selen, ein essentielles Spurenelement, ist ebenfalls an antioxidativen Prozessen beteiligt, indem es die Funktion von Enzymen unterstützt, die freie Radikale neutralisieren. [s8] Ein erhöhter Bedarf an Selen kann beispielsweise durch den regelmäßigen Verzehr von Paranüssen gedeckt werden. Die antioxidative Wirkung verschiedener Substanzen kann synergistisch wirken, das heißt, die Kombination verschiedener Antioxidantien kann zu einem stärkeren Schutz vor oxidativem Stress führen. [s8] So kann beispielsweise die Kombination von n-3-Fettsäuren mit Vitamin E die entzündungshemmende Wirkung verstärken. [s9] Eine abwechslungsreiche Ernährung mit viel Obst, Gemüse, Nüssen und Samen ist daher wichtig, um eine optimale Versorgung mit verschiedenen Antioxidantien zu gewährleisten und so den Körper vor oxidativem Stress und seinen Folgen zu schützen.

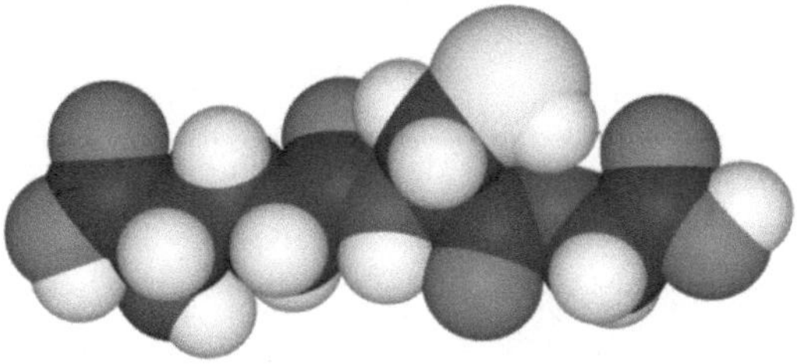

Antioxidans [i3]

Freies Radikal [i4]

Gut zu wissen

Antioxidantien

Substanzen, die freie Radikale neutralisieren und so Zellschäden und Entzündungen vorbeugen. Sie kommen in vielen pflanzlichen Lebensmitteln vor.

Freie Radikale

Instabile Moleküle, die Elektronen von anderen Molekülen stehlen, wodurch Zellschäden und Entzündungen entstehen können. Antioxidantien können freie Radikale neutralisieren.

Oxidativer Stress

Ein Ungleichgewicht zwischen der Produktion freier Radikale und der Fähigkeit des Körpers, diese zu neutralisieren. Oxidativer Stress kann zu Zellschäden und Entzündungen beitragen.

Polyphenole

Eine Gruppe von sekundären Pflanzenstoffen mit antioxidativen und entzündungshemmenden Eigenschaften. Sie kommen in Obst, Gemüse, Tee und Kaffee vor und können die Zellen vor Schäden schützen.

Synergistisch

Das Zusammenwirken verschiedener Substanzen, wodurch ihre Wirkung verstärkt wird. Im Kontext der Ernährung können verschiedene Antioxidantien synergistisch wirken, um den Körper effektiver vor oxidativem Stress zu schützen.

Antioxidative Aktivität im Zeitverlauf

Veranschaulicht die Wirkung von entzündungshemmenden Lebensmitteln auf den Antioxidantienspiegel im Zeitverlauf.

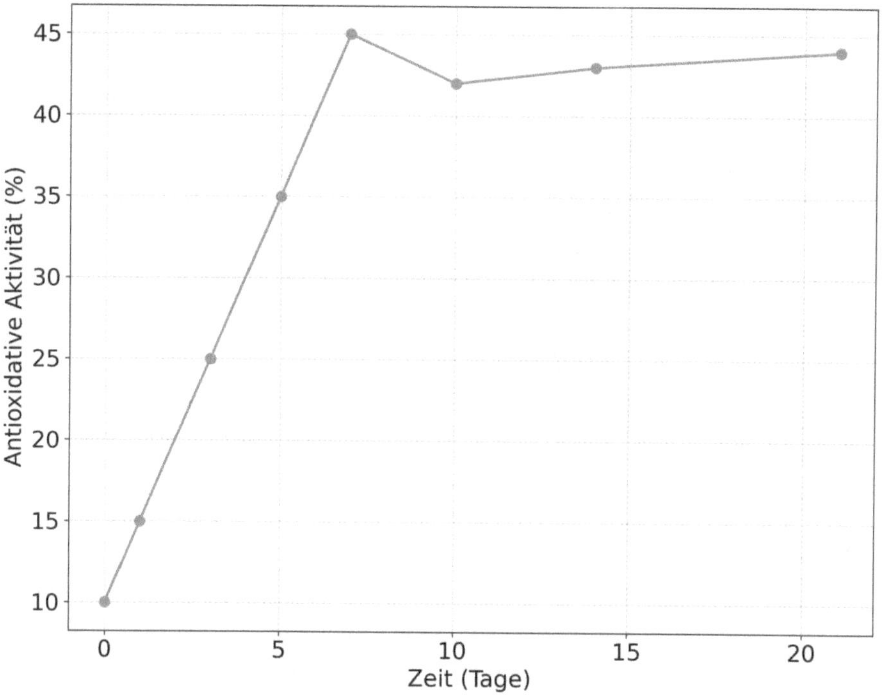

Das Diagramm zeigt einen allmählichen Anstieg der antioxidativen Aktivität nach dem Verzehr von entzündungshemmenden Lebensmitteln, der um Tag 7 seinen Höhepunkt erreicht und sich dann auf einem höheren Niveau als der Ausgangswert stabilisiert. Dies deutet auf einen kumulativen Effekt dieser Lebensmittel bei der Stärkung der antioxidativen Abwehrkräfte des Körpers hin. Das Plateau deutet darauf hin, dass ein neues Gleichgewicht erreicht ist, bei dem die Antioxidantienproduktion der Bildung freier Radikale entspricht.

Stoffwechselregulation

Stoffwechselregulation und ihre Bedeutung für die antientzündliche Ernährung

Fermentierte Milchprodukte

[i5]

Die Steuerung des Stoffwechsels beeinflusst maßgeblich die Entzündungsreaktionen im Körper. Entzündungshemmende Lebensmittel wirken nicht nur direkt auf Entzündungsprozesse, sondern greifen auch modulierend in den Stoffwechsel ein. [s10] [s11] So kann die Bioverfügbarkeit, also die Aufnahme und Verwertung der entzündungshemmenden Nährstoffe, durch den Verdauungsprozess und die individuellen Stoffwechselvorgänge beeinflusst werden. [s10] Nahrungsmittel mit niedrigem glykämischen Index, z.B. Vollkornprodukte und Hülsenfrüchte, tragen zu einem stabileren Blutzuckerspiegel bei und wirken dadurch Entzündungen entgegen. [s11] Auch die Zusammensetzung der Nahrungsfette wirkt sich auf den Stoffwechsel und damit auf Entzündungsprozesse aus. Eine Ernährung mit einem hohen Anteil an ungesättigten Fettsäuren und einem reduzierten Anteil an gesättigten Fettsäuren optimiert das Lipidprofil und wirkt entzündungshemmend. [s11] Fermentierte Milchprodukte, wie Joghurt, können ebenfalls positiv auf Entzündungsprozesse wirken, während nicht-fermentierte

Milchprodukte keinen solchen Effekt aufweisen. [s12] Eine la Ernährungsumstellung hin zu einem entzündungshe Ernährungsstil mit viel Obst, Gemüse und Vollkornprodukten Risiko für chronische Erkrankungen, wie Herz-Kreislauf-Erkı und bestimmte Krebsarten, senken und die allgemeine G fördern. [s11]

Gut zu wissen

Bioverfügbarkeit

Beschreibt den Anteil eines Nährstoffs aus der Nahrung, der vom Körper aufgenommen und verwertet werden kann. Eine hohe Bioverfügbarkeit bedeutet, dass der Körper den Nährstoff effizient nutzen kann, um seine entzündungshemmenden Eigenschaften zu entfalten.

Fermentierte Milchprodukte

Milchprodukte, die durch Fermentation mit Bakterienkulturen hergestellt werden, wie z.B. Joghurt. Durch die Fermentation entstehen bestimmte Stoffwechselprodukte, die eine positive Wirkung auf die Darmflora und das Immunsystem haben und so Entzündungen reduzieren können.

Glykämischer Index

Gibt an, wie schnell und stark ein kohlenhydrathaltiges Lebensmittel den Blutzuckerspiegel ansteigen lässt. Lebensmittel mit niedrigem glykämischen Index verursachen einen langsamen und moderaten Anstieg des Blutzuckerspiegels, was entzündungshemmend wirken kann.

Ungesättigte Fettsäuren

Fettsäuren, die in pflanzlichen Ölen, Nüssen und Fisch vorkommen. Sie wirken entzündungshemmend, indem sie die Produktion von entzündungsfördernden Botenstoffen reduzieren.

Auswirkungen entzündungshemmender Lebensmittel

Nährstoffinteraktion und ihre entzündungshemmende Wirkung in Bezug auf die Alkalität.

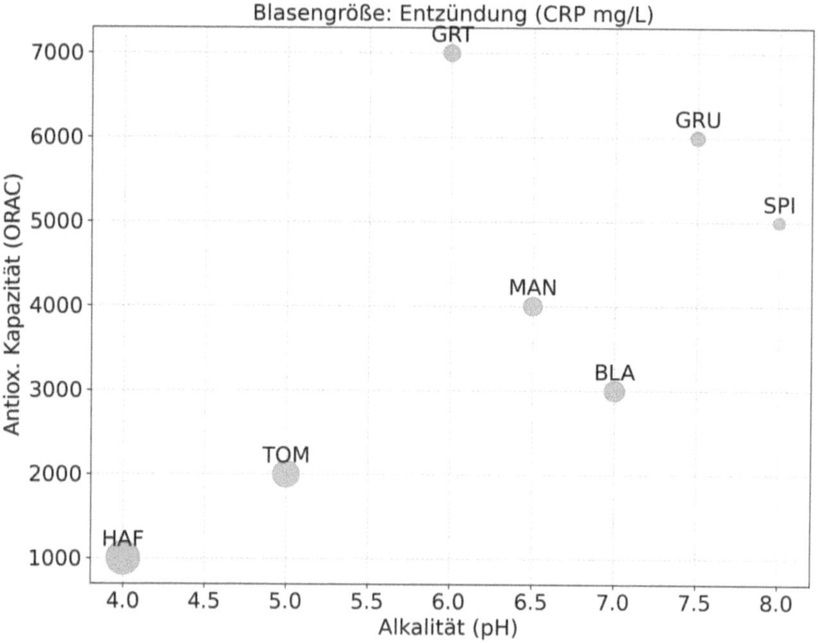

Blasengröße: Entzündung (CRP (mg/L))

BLA: Blaubeeren

GRT: Grüner Tee

GRU: Grünkohl

HAF: Haferflocken

MAN: Mandeln

SPI: Spinat

TOM: Tomaten

Lebensmittel mit hohem Alkaligehalt und reich an Antioxidantien zeigen eine starke entzündungshemmende Wirkung, möglicherweise durch die Verringerung von oxidativem Stress. Lebensmittel mit geringerem Alkaligehalt, selbst mit nützlichen Nährstoffen, zeigen eine weniger ausgeprägte Wirkung. Dies deutet darauf hin, dass ein ausgewogener Ansatz, der sowohl die Alkalität als auch bestimmte Nährstoffe berücksichtigt, der Schlüssel zur Maximierung der entzündungshemmenden Vorteile ist.

Konkrete Ratschläge

- Verfeinern Sie Ihre Gerichte mit Kurkuma, Ingwer und Zimt, um die entzündungshemmende Wirkung Ihrer Mahlzeiten zu verstärken.
- Trinken Sie grünen Tee, um von den enthaltenen Catechinen zu profitieren, die Entzündungen lindern können.
- Integrieren Sie regelmäßig fettreichen Fisch wie Lachs oder Makrele in Ihren Speiseplan, da die Omega-3-Fettsäuren Entzündungsprozessen entgegenwirken.
- Bereiten Sie Ihre Salate mit Leinöl oder Walnussöl zu, um die Aufnahme entzündungshemmender Omega-3-Fettsäuren zu erhöhen.
- Snacken Sie Nüsse und Samen, wie Mandeln oder Sonnenblumenkerne, als gesunde Zwischenmahlzeit mit entzündungshemmenden Eigenschaften.
- Experimentieren Sie mit verschiedenen Kohlsorten wie Brokkoli, Blumenkohl oder Grünkohl, die reich an entzündungshemmenden Verbindungen sind.
- Starten Sie Ihren Tag mit einem antientzündlichen Frühstück, beispielsweise Haferflocken mit Beeren und Nüssen.
- Ersetzen Sie Weißbrot durch Vollkornbrot, um den Blutzuckerspiegel stabil zu halten und Entzündungen zu reduzieren.
- Trinken Sie ausreichend Wasser, um den Abtransport von Stoffwechselprodukten und Entzündungsmediatoren zu unterstützen.
- Achten Sie auf eine schonende Zubereitung Ihrer Lebensmittel, um die wertvollen Nährstoffe zu erhalten.
- Variieren Sie Ihre Ernährung und entdecken Sie immer wieder neue entzündungshemmende Lebensmittel.

1. 2 Basische Ernährungsformen

Das Säure-Basen-Gleichgewicht beeinflusst maßgeblich unsere Gesundheit. Eine dauerhafte Übersäuerung kann durch Ernährung und Lebensstil entstehen und negative Auswirkungen auf verschiedene Körperfunktionen und das allgemeine Wohlbefinden haben. Der Mineralstoffhaushalt spielt dabei eine entscheidende Rolle, insbesondere im Zusammenhang mit der Knochengesundheit. Entdecken Sie jetzt, wie basische Ernährungsformen das Säure-Basen-Gleichgewicht positiv beeinflussen und Ihre Gesundheit fördern können.

Eine gesunde Darmflora unterstützt das Säure-Basen-Gleichgewicht, indem sie Stoffwechselprodukte wie Laktat in kurzkettige Fettsäuren umwandelt und so zur pH-Wert-Regulierung beiträgt.

Säure-Basen-Gleichgewicht

Der pH-Wert des Blutes muss in einem engen Bereich zwischen 7,35 und 7,45 liegen, um die physiologische Homöostase, also das innere Gleichgewicht, zu gewährleisten [s13]. Eine dauerhafte Übersäuerung, die sogenannte metabolische Azidose, kann durch verschiedene Faktoren, u.a. durch eine Ernährung mit viel tierischem Eiweiß und einfachen Kohlenhydraten, sowie durch anaerobe Übungen, wie z.B. intensives Krafttraining, begünstigt werden [s13]. Im Gegensatz dazu kann eine überwiegend pflanzliche Ernährung mit viel Obst und Gemüse dazu beitragen, diese Übersäuerung zu reduzieren [s13] [s14]. Pflanzliche Kost weist im Vergleich zu tierischen Produkten eine geringere Säurelast auf, da das Verhältnis von säure- zu basenbildenden Nahrungsmitteln günstiger ist [s14]. Die Darmflora (Mikrobiota) spielt ebenfalls eine wichtige Rolle für das Säure-Basen-Gleichgewicht. Sie kann Laktat, ein Stoffwechselprodukt, in kurzkettige Fettsäuren umwandeln und so zur pH-Wert-Regulierung beitragen [s13]. Eine hohe Proteinzufuhr, insbesondere aus tierischen Quellen, kann jedoch die Übersäuerung verstärken und die Darmflora negativ beeinflussen, was zu einer Störung des Gleichgewichts der Mikroorganismen im Darm (Dysbiose) führen kann [s13]. Ein gesundes Mikrobiom hingegen kann Entzündungen reduzieren und die metabolische Azidose positiv beeinflussen [s13].

Im Zusammenhang mit Nierenerkrankungen kann eine Ernährungsumstellung auf eine mediterrane oder basische Kost, die reich an Obst und Gemüse ist, eine therapeutische Alternative oder Ergänzung zur medikamentösen Behandlung darstellen [s14]. Sogar eine vegane, proteinarme Ernährung kann durch die Kombination von Hülsenfrüchten und Getreide die Versorgung mit essentiellen Aminosäuren sicherstellen und gleichzeitig die Säurelast minimieren [s14]. Eine reduzierte Proteinzufuhr kann zudem die Entstehung von harnpflichtigen Stoffwechselprodukten verringern und so den

Krankheitsverlauf positiv beeinflussen [s14]. Es gilt, die Ernährung individuell anzupassen, um das Säure-Basen-Gleichgewicht optimal zu unterstützen.

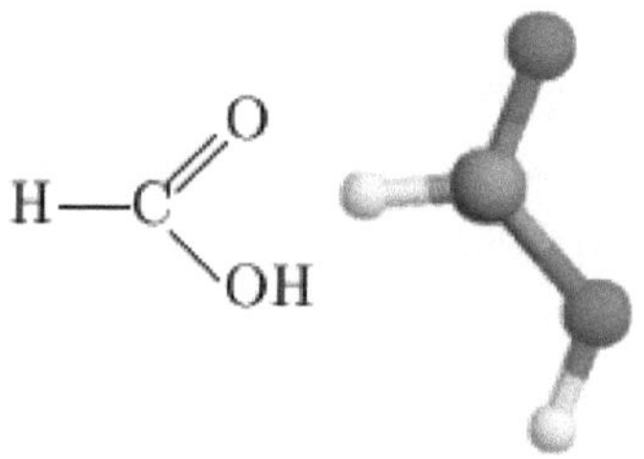

Kurzkettige Fettsäuren [i6]

Gut zu wissen

Anaerobe Übungen

Anaerobe Übungen sind intensive körperliche Aktivitäten, bei denen der Körper Energie ohne Sauerstoff gewinnt. Diese Art von Training kann kurzfristig zu einer Übersäuerung des Körpers führen. Eine basenreiche Ernährung kann helfen, diese Übersäuerung auszugleichen und die Regeneration zu fördern.

Homöostase

Homöostase bezeichnet die Fähigkeit des Körpers, sein inneres Milieu konstant zu halten, trotz äußerer Einflüsse. Ein ausgeglichener Säure-Basen-Haushalt ist ein wichtiger Bestandteil der Homöostase und trägt zur Gesundheit bei, indem er optimale Bedingungen für Stoffwechselprozesse schafft.

Kurzkettige Fettsäuren

Kurzkettige Fettsäuren sind wichtige Energiequellen für die Zellen der Darmschleimhaut und entstehen unter anderem durch den bakteriellen Abbau von Ballaststoffen. Sie wirken entzündungshemmend und tragen zur Gesundheit des Darms bei, was wiederum den Säure-Basen-Haushalt positiv beeinflusst.

Metabolische Azidose

Metabolische Azidose ist eine Übersäuerung des Körpers, die durch eine Anhäufung von Säuren oder einen Verlust von Basen im Blut entsteht. Eine dauerhafte metabolische Azidose kann Entzündungen fördern und sollte durch eine angepasste Ernährung vermieden werden.

pH-Werte von Beispiel-Lebensmitteln

pH-Werte gängiger Lebensmittel.

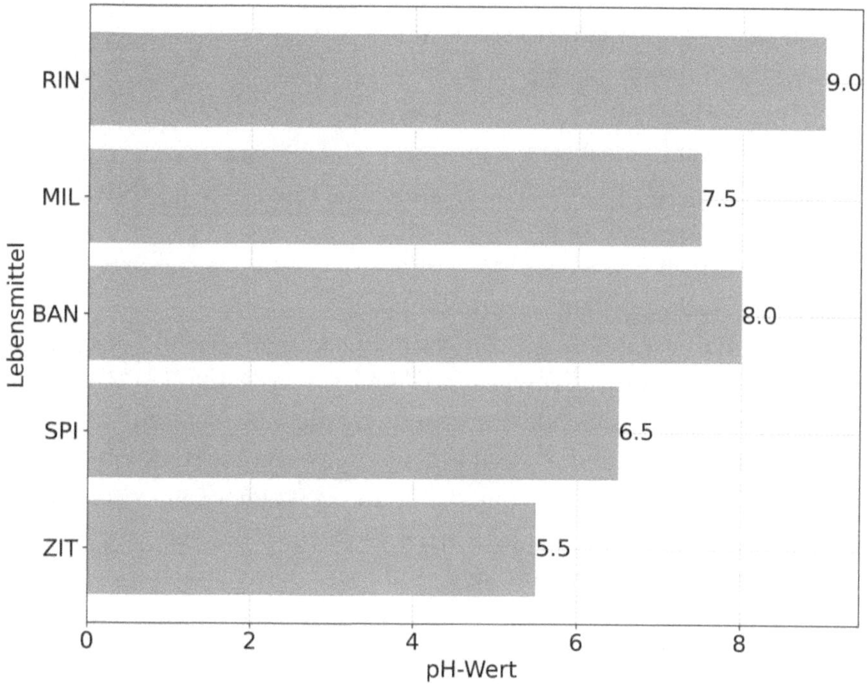

BAN: Banane
MIL: Milch
RIN: Rindfleisch
SPI: Spinat
ZIT: Zitrone

Dieses Diagramm visualisiert die pH-Werte verschiedener Lebensmittel und hebt ihre alkalischen oder sauren Eigenschaften hervor. Zitronen haben trotz ihres sauren Geschmacks nach der Verdauung eine alkalisierende Wirkung. Fleisch und Milchprodukte sind im Allgemeinen saurer, während Obst und Gemüse eher alkalisch sind.

Mineralstoffhaushalt

Der Mineralstoffhaushalt, das fein abgestimmte Zusammenspiel verschiedener Mineralstoffe im Körper, beeinflusst maßgeblich den Säure-Basen-Haushalt. Die Nahrungsauswahl, insbesondere das Verhältnis von basischen zu sauren Lebensmitteln, wirkt sich direkt auf diesen Haushalt aus [s15]. Ein nützliches Werkzeug zur Beurteilung des Säure-Basen-Einflusses von Nahrungsmitteln ist die sogenannte Potenzielle Renale Säurelast (PRAL). Negative PRAL-Werte kennzeichnen basenbildende Lebensmittel, die zur Neutralisierung von Säuren beitragen und somit den Säure-Basen-Haushalt positiv beeinflussen können [s15]. Innerhalb dieses komplexen Systems sind einige Mineralstoffe besonders hervorzuheben, da sie eng mit der Knochengesundheit verknüpft sind. Kalzium, ein zentraler Baustein der Knochenstruktur, benötigt für seine optimale Verwertung Vitamin D. Eine ausreichende Zufuhr beider Nährstoffe ist daher unerlässlich für stabile Knochen [s16]. Milchprodukte liefern nicht nur Kalzium, sondern auch Phosphor und Magnesium, weitere wichtige Mineralstoffe für den Knochenaufbau und -erhalt [s16]. Magnesium spielt eine Doppelrolle: Es ist sowohl Teil der Knochenstruktur als auch am Kalziumstoffwechsel beteiligt, indem es die Mineralisierung, also den Einbau von Mineralstoffen in die Knochenmatrix, fördert [s16]. Proteine bilden einen erheblichen Anteil der Knochensubstanz und unterstützen die Aufnahme von Kalzium und Phosphor. Eine ausreichende Proteinzufuhr ist somit ebenfalls für die Knochengesundheit relevant [s16]. Ergänzend tragen Vitamin K zur Knochenmineralisierung und Vitamin C durch seine antioxidativen

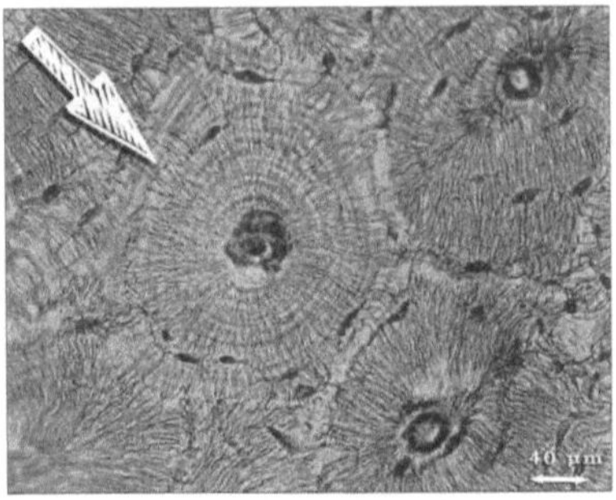

Knochenmatrix [i7]

Eigenschaften zum Schutz der Knochen bei [s16]. Wer seine Knochengesundheit langfristig unterstützen möchte, sollte auf eine ausgewogene Ernährung achten, die all diese Mikronährstoffe in ausreichender Menge liefert. Ein Speiseplan mit viel Gemüse, Obst und Milchprodukten, ergänzt durch proteinreiche Lebensmittel, kann hier eine gute Grundlage bilden.

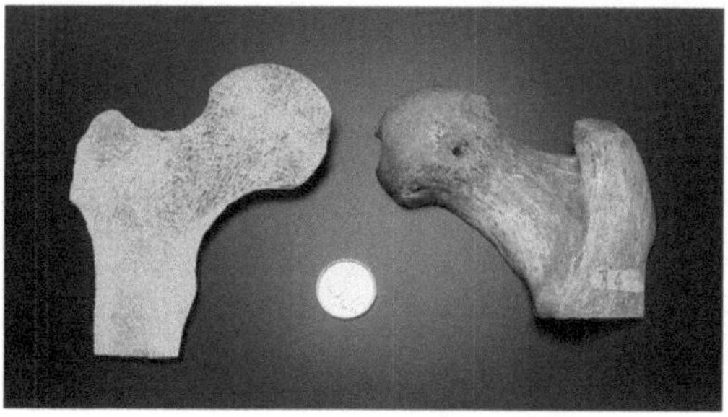

Knochenstruktur [i8]

Gut zu wissen

Mikronährstoffe

Mikronährstoffe wie Vitamine und Mineralstoffe sind essenziell für viele Körperfunktionen, einschließlich der Regulierung des Säure-Basen-Haushaltes und der Unterstützung des Immunsystems, das bei Entzündungen eine wichtige Rolle spielt.

Säure-Basen-Haushalt

Ein ausgeglichener Säure-Basen-Haushalt ist wichtig für die Gesundheit, da ein Überschuss an Säuren Entzündungen fördern kann. Basenbildende Lebensmittel helfen, diesen Haushalt zu regulieren.

Mineralstoffgehalt alkalischer Lebensmittel

Mineralstoffgehalt in üblichen alkalischen Lebensmitteln

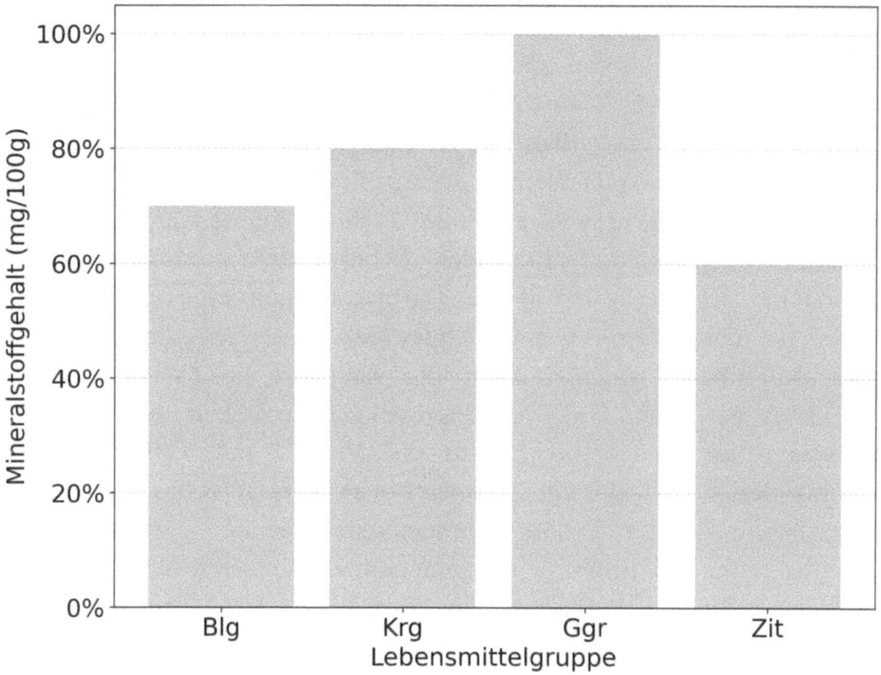

Blg: Blattgemüse (z. B. Spinat)

Krg: Kreuzblütler (z. B. Brokkoli)

Zit: Zitrusfrüchte (z. B. Zitrone)

Ggr: Grünes Gemüse (z. B. Spinat)

Wrg: Wurzelgemüse (z. B. Karotte)

Blattgemüse zeichnet sich durch einen hohen Gehalt an Kalzium, Magnesium und Kalium aus, die für die Aufrechterhaltung des Elektrolythaushaltes und der Knochengesundheit entscheidend sind. Kreuzblütler bieten ebenfalls eine gute Versorgung mit diesen Mineralien, wenn auch etwas geringer als Blattgemüse. Wurzelgemüse ist deutlich kalziumärmer, liefert aber Kalium. Zitrusfrüchte liefern eine gute Dosis Kalium und etwas Magnesium, während sie weniger Kalzium enthalten. Diese Daten unterstreichen die Bedeutung der Vielfalt bei einer alkalischen Ernährung, um eine ausreichende Zufuhr aller wichtigen Mineralien zu gewährleisten.

Entsäuerungsstrategien

Entsäuerungsstrategien zielen darauf ab, die Säurelast des Körpers zu reduzieren und das Säure-Basen-Gleichgewicht zu harmonisieren. Ein wichtiger Ansatzpunkt ist die gezielte Auswahl von Lebensmitteln. Während tierische Produkte, insbesondere Fleisch und Milchprodukte, sowie stark verarbeitete Lebensmittel und zuckerhaltige Getränke zu einer erhöhten Säurelast beitragen, wirken pflanzliche Lebensmittel, vor allem Obst und Gemüse, basisch [s17]. So kann der tägliche Speiseplan durch einen höheren Anteil an basenbildenden Lebensmitteln optimiert werden. Neben der Ernährung spielt die Darmgesundheit eine entscheidende Rolle für das Säure-Basen-Gleichgewicht. Eine gesunde Darmflora, auch Mikrobiota genannt, kann die Säurelast positiv beeinflussen, indem sie bestimmte Stoffwechselprodukte, wie Laktat, in kurzkettige Fettsäuren umwandelt [s18]. Um die Vielfalt und Gesundheit der Darmbakterien zu fördern, empfiehlt sich der Verzehr präbiotischer Ballaststoffe. Diese Nahrungsbestandteile dienen den nützlichen Darmbakterien als Nahrung und unterstützen so deren Wachstum und Aktivität. Eine ballaststoffreiche Ernährung kann außerdem die Darmpassage beschleunigen und somit die Ausscheidung von sauren Stoffwechselprodukten begünstigen [s18]. Ein ausgewogener Speiseplan mit reichlich Gemüse, Obst und Vollkornprodukten liefert nicht nur präbiotische Ballaststoffe, sondern auch eine Vielzahl an Vitaminen, Mineralstoffen und Antioxidantien, die die Gesundheit des Darms und des gesamten Organismus fördern. Eine solche Ernährungsweise kann so zu einer ganzheitlichen Entsäuerung beitragen und das Wohlbefinden steigern. Ein hoher PRAL-Wert, der die Säurelast der Ernährung widerspiegelt, kann mit erhöhten Entzündungsmarkern wie CRP assoziiert sein [s17]. Durch die bewusste Auswahl von Lebensmitteln mit niedrigem PRAL-Wert lässt sich diese Belastung reduzieren.

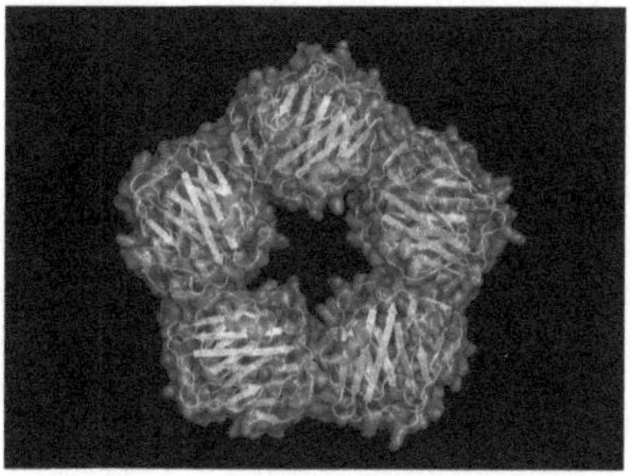

CRP [i9]

Gut zu wissen

Entsäuerung

Entsäuerung im Kontext einer antientzündlichen Ernährung zielt auf die Reduzierung säurebildender Lebensmittel und die Förderung des Verzehrs basischer Lebensmittel ab, um das Säure-Basen-Gleichgewicht zu optimieren und Entzündungen zu reduzieren.

Präbiotische Ballaststoffe

Präbiotische Ballaststoffe sind unverdauliche Nahrungsbestandteile, die das Wachstum und die Aktivität nützlicher Darmbakterien fördern und so die Darmgesundheit und das Säure-Basen-Gleichgewicht positiv beeinflussen.

PRAL-Wert

Der PRAL-Wert (Potential Renal Acid Load) gibt die potenzielle Säurebelastung der Nieren durch Lebensmittel an. Ein hoher PRAL-Wert deutet auf eine säurebildende Wirkung hin, während ein niedriger Wert auf eine basenbildende Wirkung schließen lässt. Für eine antientzündliche Ernährung sind Lebensmittel mit niedrigem PRAL-Wert empfehlenswert.

Säure-Basen-Gleichgewicht

Das Säure-Basen-Gleichgewicht ist ein wichtiger Faktor für die Gesundheit. Eine basenüberschüssige Ernährung kann dazu beitragen, Entzündungen zu reduzieren und das Immunsystem zu stärken.

Verteilung der Alkalisierungsstrategien

Verteilung der Alkalisierungsstrategien innerhalb einer entzündungshemmenden Ernährung.

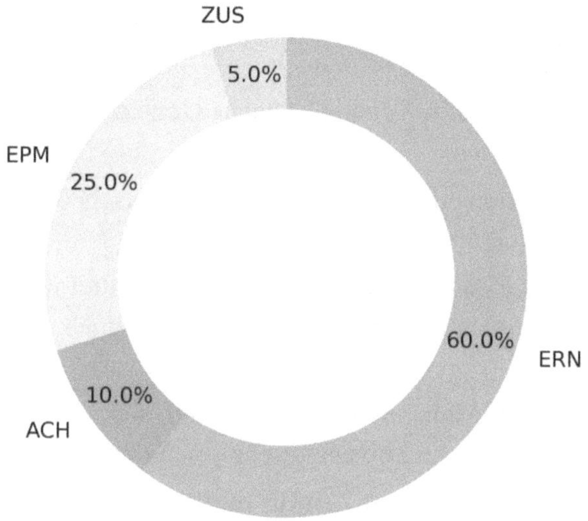

ACH: Achtsamkeitsübungen (z. B. Yoga, Tai Chi)

ERN: Ernährungsfokus (80/20 basische/saure Lebensmittel)

EPM: Entspannungspraktiken (z. B. Meditation, Atemübungen)

ZUS: Zusätzliche Maßnahmen (z. B. Mineralsalze)

Das Diagramm unterstreicht die Bedeutung eines ganzheitlichen Ansatzes zur Alkalisierung des Körpers. Während Ernährungsumstellungen eine wichtige Rolle spielen, tragen Stressbewältigung und achtsame Praktiken wie Yoga und Meditation erheblich zum gesamten Säure-Basen-Haushalt bei. Dies deutet darauf hin, dass die Konzentration allein auf die Ernährung für optimale Ergebnisse möglicherweise nicht ausreicht. Die Integration von Stressreduktionstechniken kann die Wirksamkeit einer alkalisierenden Ernährung erheblich verbessern.

Konkrete Ratschläge

- Integrieren Sie täglich eine Portion Blattgemüse wie Spinat oder Mangold in Ihre Ernährung, um Ihre Basenzufuhr zu steigern.
- Trinken Sie morgens ein Glas warmes Wasser mit frisch gepresstem Zitronensaft, um Ihren Stoffwechsel anzuregen und die Ausleitung von Säuren zu unterstützen.
- Ersetzen Sie Kaffee durch basische Kräutertees, beispielsweise Brennnessel- oder Löwenzahntee.
- Verwenden Sie beim Kochen basische Gewürze wie Kümmel, Fenchel oder Anis.
- Bereiten Sie sich einmal pro Woche eine basische Gemüsebrühe zu und trinken Sie diese über den Tag verteilt.
- Entdecken Sie die Vielfalt basischer Lebensmittel wie Hirse, Quinoa oder Amaranth und integrieren Sie diese regelmäßig in Ihren Speiseplan.
- Planen Sie Ihre Mahlzeiten im Voraus, um sicherzustellen, dass Sie ausreichend basische Lebensmittel zu sich nehmen.
- Nehmen Sie sich bewusst Zeit für Ihre Mahlzeiten und kauen Sie Ihr Essen gründlich, um die Verdauung und die Aufnahme basischer Mineralstoffe zu optimieren.
- Entspannen Sie sich regelmäßig, denn Stress kann das Säure-Basen-Gleichgewicht negativ beeinflussen.
- Gönnen Sie sich basische Fußbäder mit Natron oder Basensalz, um die Ausscheidung von Säuren über die Haut zu fördern.
- Hören Sie auf Ihren Körper und achten Sie auf Signale, die auf eine Übersäuerung hindeuten könnten, wie Müdigkeit oder Sodbrennen.

1. 3 Therapeutische Wirkprinzipien

Chronische Entzündungen gelten als Mitverursacher vieler Erkrankungen. Die gezielte Beeinflussung von Zellregeneration und Immunantwort durch Ernährung bietet Möglichkeiten, diesen Prozessen entgegenzuwirken. Dieser Abschnitt beleuchtet die therapeutischen Wirkprinzipien einer antientzündlichen, basischen Ernährung und deren Einfluss auf komplexe Mechanismen wie Immunmodulation und Entzündungsreduktion. Entdecken Sie das Potenzial der Ernährung für Ihre Gesundheit.

Antientzündliche Ernährung unterstützt die Zellregeneration, stärkt das Immunsystem und reduziert Entzündungen, indem sie die natürlichen Mechanismen des Körpers nutzt und so die Gesundheit fördert.

Zellregenerationsprozesse

Zellregeneration ist ein komplexer Prozess, der unter anderem Entzündung, Zellteilung und Gewebeumbau umfasst [s19]. Die Fähigkeit des Körpers, geschädigtes Gewebe zu reparieren und zu erneuern, ist für die Gesundheit unerlässlich. Dabei spielen Stammzellen eine entscheidende Rolle, da sie sich selbst erneuern, sich in verschiedene Zelltypen differenzieren und immunmodulatorische Funktionen ausüben können [s19]. Sie produzieren zudem Exosomen, kleine Vesikel, die Botenstoffe transportieren und so die Geweberegeneration, -reparatur und Wundheilung beschleunigen [s19]. Die entzündungshemmenden Eigenschaften der Stammzellen tragen dazu bei, die Proliferation von Epithelzellen zu fördern und die Narbenbildung zu hemmen [s19]. Durch die parakrine Wirkung – die Freisetzung von Signalmolekülen wie FGF-2, HGF, VEGF und TGF-β – beeinflussen Stammzellen das umgebende Gewebe und fördern so die Regeneration [s19]. In der klinischen Anwendung zeigen Stammzelltherapien vielversprechende Ergebnisse, unter anderem bei der Regeneration von Haut und Knochen [s19]. Neben Stammzellen tragen auch kleine Moleküle zur Zellregeneration bei. Diese Moleküle können entzündungshemmend, zellschützend, antioxidativ und aufbauend wirken, wodurch sie die Degeneration von Zellen, wie zum Beispiel Bandscheibenzellen, verhindern und deren Regeneration fördern können [s20]. Ihre therapeutische Anwendung zeigt vielversprechende Ergebnisse, indem sie Entzündungen und Zellschäden mindern und gleichzeitig aufbauende Prozesse stimulieren [s20]. In Studien, sowohl in vitro als auch in vivo, wurde gezeigt, dass kleine Moleküle entzündungsfördernde Zytokine regulieren [s20]. Durch die Aktivierung bestimmter Signalwege können sie den programmierten Zelltod in degenerierten Zellen verringern und die Zellüberlebensrate erhöhen [s20]. Zusätzlich fördern kleine Moleküle die Synthese der extrazellulären Matrix, dem Gerüst,

das Zellen umgibt und stützt und hemmen gleichzeitig abbauende Prozesse [s20]. Dies führt zu einer Verbesserung der Matrix und der mechanischen Eigenschaften des Gewebes, wie der Bandscheibe [s20]. Eine Ernährung, die reich an Antioxidantien ist, kann die Regenerationsprozesse im Körper unterstützen, indem sie den oxidativen Stress reduziert, der Zellschäden verursachen kann. Der tägliche Verzehr von Obst und Gemüse, insbesondere Beeren, grünem Blattgemüse und Kreuzblütlern, trägt dazu bei, die Zellen vor Schäden zu schützen und die Regeneration zu fördern.

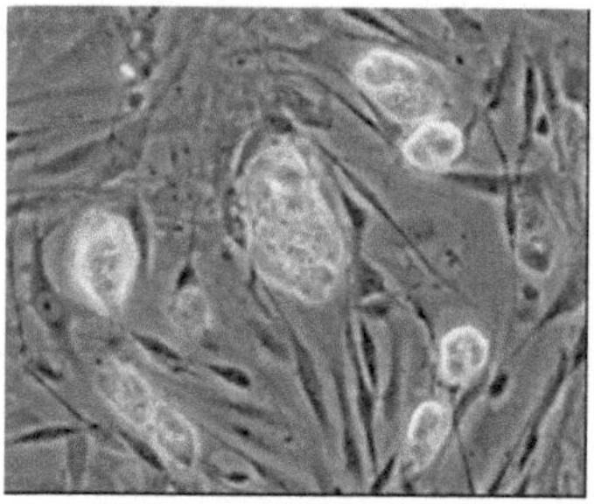

Stammzelle [i10]

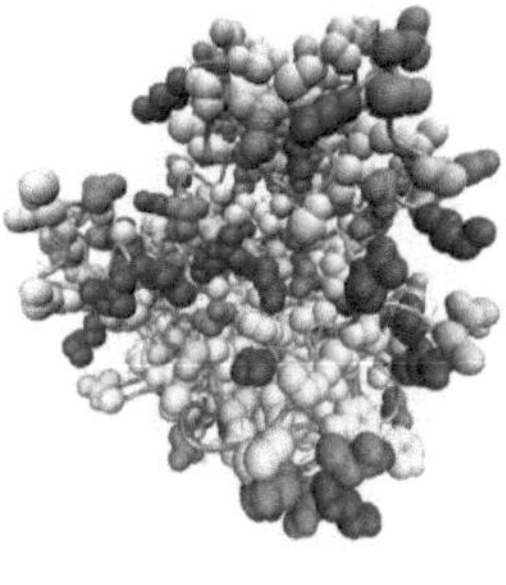

Fibroblasten-Wachstumsfaktor [i11]

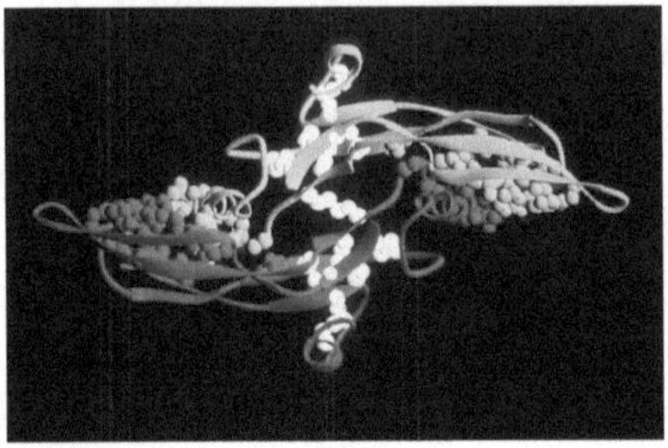

Transformierender Wachstumsfaktor beta [i12]

Gut zu wissen

Extrazelluläre Matrix

Die extrazelluläre Matrix ist ein Netzwerk aus Proteinen und anderen Molekülen, das die Zellen umgibt und stützt. Eine antientzündliche Ernährung kann die Zusammensetzung und Funktion der extrazellulären Matrix positiv beeinflussen.

In vitro

In vitro bedeutet "im Glas" und bezieht sich auf Studien, die außerhalb eines lebenden Organismus, z.B. in einem Reagenzglas oder einer Petrischale, durchgeführt werden.

Parakrine Wirkung

Die parakrine Wirkung, die Freisetzung von Signalmolekülen durch Zellen, beeinflusst die Zellregeneration und kann durch eine antientzündliche Ernährung moduliert werden.

Stammzellen

Stammzellen spielen eine wichtige Rolle in der Zellregeneration und können durch eine antientzündliche Ernährung unterstützt werden. Sie differenzieren sich in verschiedene Zelltypen und tragen zur Gewebereparatur bei.

Zellregeneration

Die Zellregeneration, die Erneuerung von Zellen, wird durch eine antientzündliche Ernährung positiv beeinflusst, indem sie die Gewebereparatur und -erneuerung fördert.

Zellregenerationsrate

Hypothetische Verbesserung der Zellregeneration durch entzündungshemmende Ernährung.

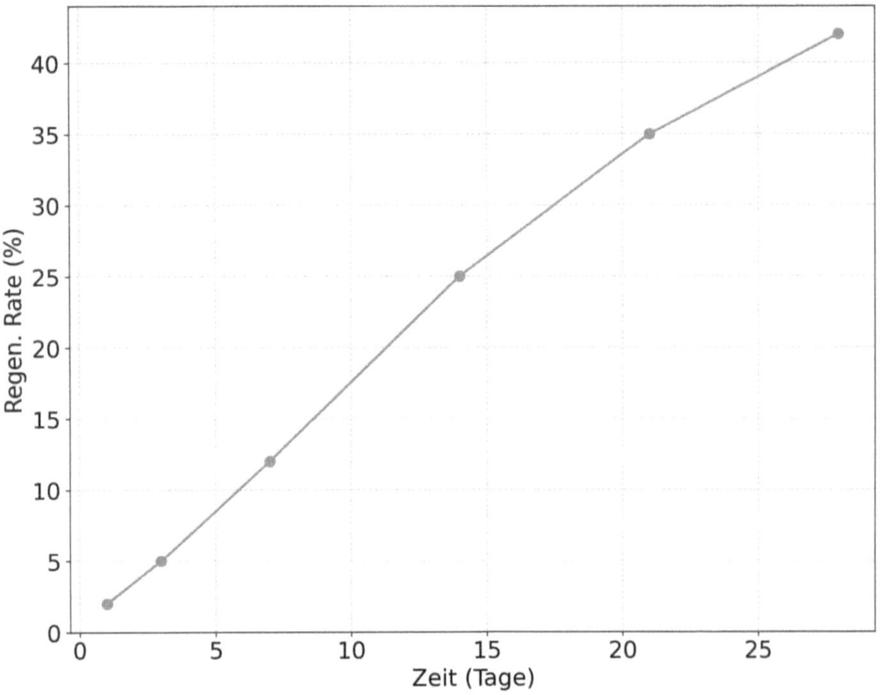

Das Diagramm veranschaulicht eine mögliche positive Korrelation zwischen einer entzündungshemmenden, alkalischen Ernährung und der Zellregenerationsrate. Zu Beginn ist die Regeneration langsam, zeigt aber im Laufe der Zeit einen deutlichen Anstieg, was auf die kumulative Wirkung der Ernährung hindeutet. Diese beschleunigte Regeneration könnte zu einer schnelleren Gewebereparatur und einer allgemeinen Verbesserung der Gesundheit beitragen. Es handelt sich jedoch um hypothetische Werte und die individuellen Reaktionen können variieren.

Immunsystemstärkung

Ein robustes Immunsystem ist die Grundlage für die Abwehr von Krankheitserregern und die Erhaltung der Gesundheit. Neben der Zellregeneration spielt die Ernährung eine entscheidende Rolle bei der Modulation der Immunantwort. Eine auf antientzündlichen Prinzipien basierende Ernährungsweise kann das Immunsystem stärken und so die Widerstandsfähigkeit gegenüber Infektionen erhöhen [s21]. Dabei ist die Zufuhr von ausreichend Protein essenziell für die Produktion von Antikörpern, den zentralen Akteuren der Immunabwehr [s22]. Diese Eiweißbausteine bilden die Basis für die vielfältigen Immunglobuline, die Krankheitserreger erkennen und neutralisieren. Gleichzeitig beeinflusst der Mikronährstoffstatus die Immunkompetenz: Ein Mangel an bestimmten Vitaminen und Mineralstoffen kann das Infektionsrisiko steigern [s22]. So interagieren einige Vitamine direkt mit Rezeptoren auf Zelloberflächen und beeinflussen dadurch die Anfälligkeit für Virusinfektionen [s22]. Eine Ernährung, die reich an Obst, Gemüse und Vollkornprodukten ist, liefert nicht nur wichtige Mikronährstoffe, sondern wirkt auch entzündungshemmend [s21]. Chronische Entzündungen schwächen das Immunsystem und begünstigen diverse Erkrankungen. Im Gegensatz dazu reduziert eine Ernährung mit einem hohen Anteil an gesättigten und Transfetten sowie raffinierten Kohlenhydraten entzuendungsmarker

Mediterrane Ernährung [i13]

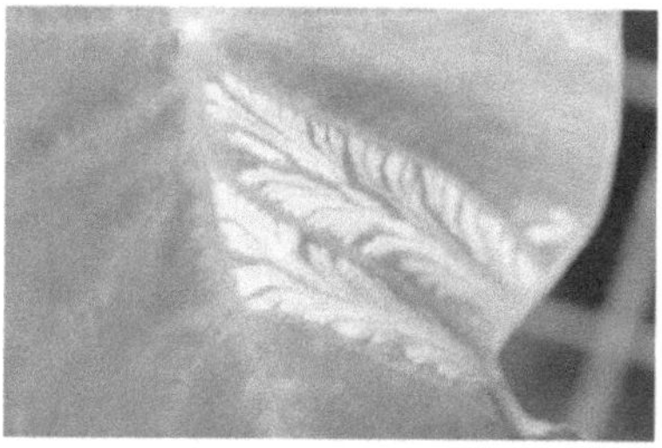

Virusinfektion [i14]

und stärkt die Abwehrkräfte [s21]. Wie Studien zeigen, kann eine mediterrane Ernährungsweise, die reich an

ungesättigten Fettsäuren, Obst, Gemüse und Vollkornprodukten ist, die kognitive Funktion verbessern und Entzündungsprozesse reduzieren [s21]. Zusätzlich können Probiotika, die in fermentierten Lebensmitteln wie Joghurt oder Sauerkraut vorkommen, sowohl periphere als auch zentrale Entzündungen lindern und oxidativem Stress entgegenwirken [s21]. Ein ausgewogener Speiseplan mit viel frischem Obst und Gemüse, mageren Proteinquellen, Vollkornprodukten und fermentierten Lebensmitteln unterstützt somit die Immunfunktion und trägt zu einer verbesserten Gesundheit bei.

Gut zu wissen

Kognitive Funktion

Die kognitive Funktion umfasst geistige Prozesse wie Denken, Lernen, Erinnern und Problemlösen. Eine antientzündliche Ernährung kann die kognitive Funktion unterstützen, indem sie Entzündungen im Gehirn reduziert.

Mediterrane Ernährungsweise

Die mediterrane Ernährungsweise ist reich an Obst, Gemüse, Vollkornprodukten, Hülsenfrüchten, Nüssen, Olivenöl und Fisch. Sie ist arm an rotem Fleisch und verarbeiteten Lebensmitteln. Studien haben gezeigt, dass diese Ernährungsweise mit einem geringeren Risiko für chronische Krankheiten und Entzündungen verbunden ist.

Oxidativer Stress

Oxidativer Stress entsteht durch ein Ungleichgewicht zwischen der Produktion von freien Radikalen und der Fähigkeit des Körpers, diese zu neutralisieren. Eine antientzündliche Ernährung, die reich an Antioxidantien ist, kann oxidativem Stress entgegenwirken.

Virusinfektion

Virusinfektionen werden durch Viren verursacht und können zu einer Vielzahl von Erkrankungen führen. Eine starke Immunabwehr kann dazu beitragen, Virusinfektionen abzuwehren oder ihren Verlauf zu mildern.

Einfluss basischer Ernährung auf Immunparameter

Relative Veränderung der Immunmarker

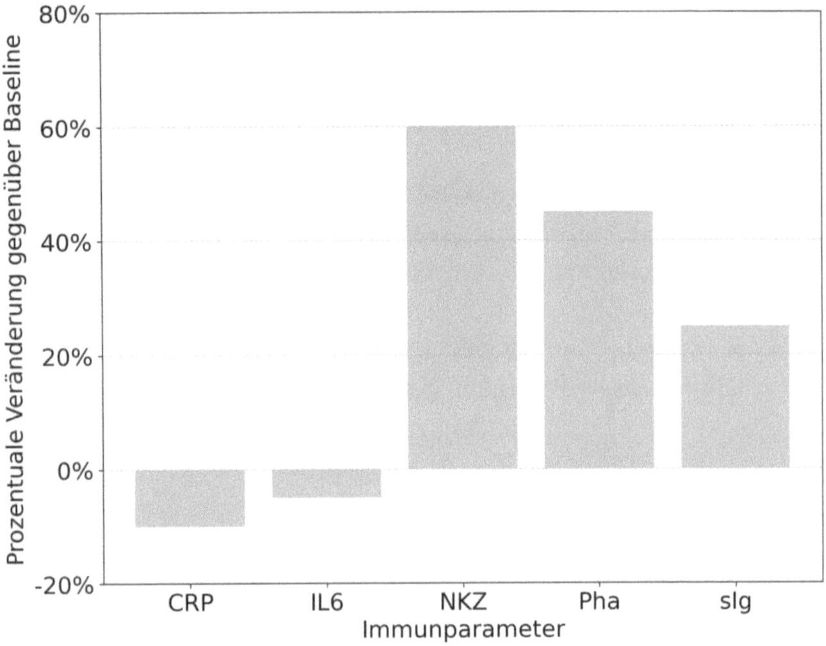

CRP: C-reaktives Protein

IL6: IL-6 Spiegel

NKZ: NK-Zell-Aktivität

Pha: Phagozytose-Aktivität

sIg: Sekretorisches IgA

Dieses Diagramm zeigt einen möglichen positiven Einfluss einer basischen Ernährung auf bestimmte Immunparameter. Erhöhte phagozytische Aktivität deutet auf eine verbesserte Fähigkeit der Immunzellen hin, Krankheitserreger zu verschlingen und zu zerstören. Der Anstieg der NK-Zell-Aktivität deutet auf eine verbesserte Anti-Tumor- und Anti-Virus-Immunität hin. Während der Anstieg des sIgA eine verbesserte Schleimhautimmunität bietet, deutet die leichte Abnahme der CRP-Werte auf eine Verringerung der systemischen Entzündung hin. Insgesamt deuten die Daten auf einen potenziellen Vorteil einer basischen Ernährung bei der Modulation der Immunantwort hin zu einem gesünderen Profil.

Entzündungsreduktion

Entzündungsreduktion ist ein komplexer Prozess, der durch verschiedene Mechanismen beeinflusst werden kann. Neben der Ernährung spielen auch Substanzen wie bestimmte Flavonoide eine Rolle bei der Modulation von Entzündungsreaktionen [s23]. Flavonoide, die in vielen Obst- und Gemüsesorten vorkommen, greifen an verschiedenen Punkten in den Entzündungskaskade ein. Sie hemmen beispielsweise die Aktivität von NF-ϰB, einem zentralen Transkriptionsfaktor, der an der Expression von proinflammatorischen Zytokinen beteiligt ist. Durch die Blockade von NF-ϰB wird die Produktion dieser entzündungsfördernden Botenstoffe reduziert. So können Flavonoide wie Quercetin und Rutin Entzündungen und Schmerzen in verschiedenen präklinischen Modellen lindern [s23]. Darüber hinaus aktivieren Flavonoide den Transkriptionsfaktor Nrf2, der die Expression von antioxidativen Enzymen steuert. Diese Enzyme schützen Zellen vor oxidativem Stress, einem weiteren Faktor, der Entzündungen verstärken kann. Die kombinierte Wirkung der NF-ϰB-Hemmung und der Nrf2-Aktivierung macht Flavonoide zu vielversprechenden Kandidaten in der Prävention und Therapie von entzündungsbedingten Erkrankungen. Ein erhöhter Konsum von flavonoidreichen Lebensmitteln, wie Beeren, Zwiebeln oder grünem Tee, kann so zu einer Reduktion von Entzündungen beitragen. [s23] Ein weiterer Aspekt der Entzündungsreduktion betrifft die Modulation des Immunsystems durch Cannabinoide [s24]. Diese Substanzen beeinflussen die Aktivität von Immunzellen und die Produktion von Zytokinen, welche sowohl entzündungsfördernde als auch entzündungshemmende Wirkungen haben können. Durch die Induktion von Apoptose in bestimmten Immunzellen tragen Cannabinoide zur Immunsuppression bei [s24]. Gleichzeitig können sie die Produktion von proinflammatorischen Zytokinen hemmen, was Entzündungsreaktionen kontrolliert. Die immunmodulatorischen

Eigenschaften von Cannabinoiden sind Gegenstand intensiver Forschung und könnten zukünftig neue therapeutische Ansätze für entzündliche und autoimmune Erkrankungen bieten [s24]. Die gezielte Beeinflussung dieser komplexen Prozesse durch Ernährung und spezifische Substanzen bietet vielversprechende Möglichkeiten, Entzündungen zu reduzieren und die Gesundheit zu fördern.

Gut zu wissen

Apoptose

Apoptose ist ein programmierter Zelltod, der für die Gewebehomöostase und die Eliminierung geschädigter Zellen wichtig ist. Cannabinoide können die Apoptose in bestimmten Immunzellen induzieren und so zur Immunsuppression beitragen.

Cannabinoide

Cannabinoide sind Substanzen, die in Cannabispflanzen vorkommen und auf das Endocannabinoid-System im Körper wirken. Sie können entzündungshemmende und immunmodulierende Effekte haben.

Flavonoide

Flavonoide sind sekundäre Pflanzenstoffe, die in vielen Obst- und Gemüsesorten vorkommen und entzündungshemmende Eigenschaften besitzen. Sie können die Aktivität von entzündungsfördernden Botenstoffen reduzieren und die Zellen vor oxidativem Stress schützen, der Entzündungen verstärken kann.

Auswirkungen der Ernährung auf Entzündungen

Zusammenhang zwischen Ernährungsfaktoren, Entzündungsmarkern und dem allgemeinen Entzündungsgrad.

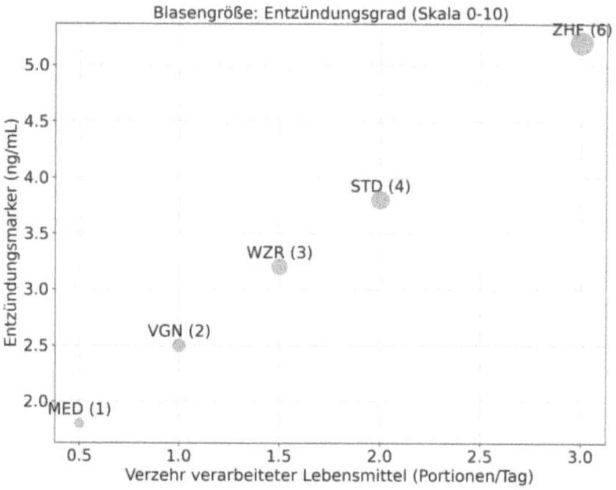

Blasengröße: Entzündungsgrad ((Skala 0-10))

MED: Mediterrane Ernährung

STD: Standardamerikanische Ernährung

VGN: Vegane Ernährung, glutenfrei

WZR: Wenig verarbeitet, reduzierter Zucker

ZHF: Ernährung mit hohem Zucker-/Fettgehalt

Das Diagramm deutet auf einen starken Zusammenhang zwischen bestimmten Ernährungsfaktoren und Entzündungswerten hin. Ein hoher Konsum von verarbeiteten Lebensmitteln und Zucker neigt dazu, mit höheren Entzündungsmarkern und einem erhöhten allgemeinen Entzündungsgrad verbunden zu sein. Umgekehrt korrelieren Ernährungsweisen, die reich an Obst, Gemüse und Omega-3-Fettsäuren sind, mit niedrigeren Entzündungsmarkern und einem reduzierten allgemeinen Entzündungsgrad. Die Konzentration auf nährstoffreiche, vollwertige Lebensmittel scheint der Schlüssel zur Kontrolle von Entzündungen zu sein.

Konkrete Ratschläge

- Konzentrieren Sie sich auf die Rhythmen Ihres Körpers und essen Sie zu regelmäßigen Zeiten, um die natürliche Entzündungsregulation zu unterstützen.
- Steigern Sie Ihre Aufnahme von sekundären Pflanzenstoffen, indem Sie gezielt Lebensmittel mit intensiven Farben wählen, beispielsweise violette Kartoffeln oder rote Bete.
- Nutzen Sie die Kraft der Gewürze und experimentieren Sie mit verschiedenen Kombinationen, um die Bioverfügbarkeit der entzündungshemmenden Wirkstoffe zu erhöhen.
- Entwickeln Sie ein persönliches Ritual rund um die Zubereitung Ihrer Mahlzeiten, um Achtsamkeit und Genuss zu fördern und so die positiven Effekte der Ernährung zu verstärken.
- Fördern Sie Ihre Darmgesundheit durch den regelmäßigen Verzehr von präbiotischen Lebensmitteln wie Zwiebeln oder Topinambur, um die Grundlage für ein starkes Immunsystem zu schaffen.
- Integrieren Sie Bitterstoffe in Ihren Speiseplan, beispielsweise durch den Verzehr von Chicorée oder Artischocken, um die Verdauung und die Aufnahme von Nährstoffen zu optimieren.
- Schaffen Sie sich eine wohltuende Atmosphäre beim Essen, indem Sie beispielsweise Kerzen anzünden oder beruhigende Musik hören, um die Verdauung und die Aufnahme der Nährstoffe zu unterstützen.
- Verbinden Sie Ihre Mahlzeiten mit positiven Emotionen, indem Sie gemeinsam mit Freunden oder Familie essen und so die wohltuende Wirkung der antientzündlichen Ernährung verstärken.

Rückblick - 1. Grundlagen der antientzündlichen Ernährung

Eine antientzündliche Ernährung ist kein kurzfristiger Diättrend, sondern ein nachhaltiger Ansatz für mehr Wohlbefinden und Gesundheit. Sie basiert auf dem Verständnis, dass chronische Entzündungen, oft unbemerkt, eine Schlüsselrolle bei der Entstehung vieler Krankheiten spielen. Durch die gezielte Auswahl Ihrer Lebensmittel können Sie diesen Prozessen entgegenwirken und Ihre körpereigenen Selbstheilungskräfte aktivieren. Der Fokus liegt dabei auf natürlichen, unverarbeiteten Lebensmitteln, die reich an bioaktiven Pflanzenstoffen, Antioxidantien und essentiellen Nährstoffen sind. Diese wertvollen Inhaltsstoffe wirken nicht nur entzündungshemmend, sondern unterstützen auch wichtige Stoffwechselprozesse, die Zellregeneration und ein starkes Immunsystem.

Ein wichtiger Baustein der antientzündlichen Ernährung ist das Säure-Basen-Gleichgewicht. Eine dauerhafte Übersäuerung kann Entzündungsprozesse begünstigen. Integrieren Sie daher reichlich Obst und Gemüse in Ihren Speiseplan, da diese Lebensmittel basisch wirken und somit zur Neutralisierung von Säuren beitragen. Achten Sie außerdem auf eine ausreichende Zufuhr an Mineralstoffen wie Kalzium, Magnesium und Kalium, die ebenfalls eine wichtige Rolle im Säure-Basen-Haushalt spielen. Reduzieren Sie gleichzeitig den Konsum von säurebildenden Lebensmitteln wie Fleisch, Milchprodukten und stark verarbeiteten Nahrungsmitteln. Besonders hilfreich kann es sein, sich mit dem PRAL-Wert (Potenzielle Renale Säurelast) von Lebensmitteln vertraut zu machen, um die Säurebelastung Ihrer Ernährung besser einschätzen zu können.

Um die Umsetzung im Alltag zu erleichtern, beginnen Sie schrittweise. Tauschen Sie beispielsweise Weißbrot gegen Vollkornbrot aus, greifen Sie zu ungesüßtem Tee oder Wasser anstelle von zuckerhaltigen Getränken und integrieren Sie täglich eine Handvoll Nüsse oder Beeren in Ihre Ernährung. Auch kleine Veränderungen können bereits große Auswirkungen haben. Experimentieren Sie mit neuen Rezepten und entdecken Sie die Vielfalt der pflanzlichen Küche. Bereiten Sie Ihre Mahlzeiten möglichst frisch zu und achten Sie auf eine schonende Zubereitung, um die wertvollen Nährstoffe zu erhalten. Seien Sie geduldig mit sich selbst und lassen Sie sich nicht entmutigen, wenn Sie nicht sofort alle Empfehlungen perfekt umsetzen können.

Die antientzündliche Ernährung ist eine Investition in Ihre Gesundheit. Sie mag zunächst etwas Umstellung erfordern, doch die positiven Effekte auf Ihr Wohlbefinden werden Sie überzeugen. Ein gestärktes Immunsystem, mehr Energie, eine verbesserte Verdauung und ein reduziertes Risiko für chronische Erkrankungen sind nur einige der möglichen Vorteile. Beginnen Sie noch heute mit der Integration antientzündlicher Prinzipien in Ihre Ernährung und erleben Sie selbst, wie positiv sich diese auf Ihre Gesundheit und Lebensqualität auswirken kann.

2. Heilende Lebensmittel und Zubereitungsarten

Wussten Sie, dass die Natur uns ein komplettes Repertoire an Heilmitteln direkt auf den Teller liefert? Täglich treffen wir Entscheidungen über unsere Mahlzeiten, die entweder Entzündungen im Körper fördern oder ihnen entgegenwirken können. Die richtige Kombination von Lebensmitteln und deren schonende Zubereitung bilden die Grundlage für ein starkes Immunsystem. Durch bewusstes Auswählen und Zubereiten unserer Nahrung können wir aktiv Einfluss auf unsere Gesundheit nehmen. In diesem Kapitel entdecken Sie die kraftvollsten Verbündeten aus der Natur und lernen, wie Sie deren heilendes Potenzial optimal nutzen.

2. 1 Entzündungshemmende Gewürze

Chronische Entzündungen gelten als Mitverursacher vieler Krankheiten. Gewürze bieten ein großes Potential, Entzündungsprozesse auf natürliche Weise zu beeinflussen. Dieses Kapitel untersucht die entzündungshemmenden Eigenschaften von Kurkuma, Ingwer und mediterranen Kräutern sowie deren synergistische Wirkung in Gewürzmischungen. Entdecken Sie, wie Sie diese wertvollen Gewürze in Ihre Ernährung integrieren und so Ihre Gesundheit unterstützen können.

Die Kombination verschiedener entzündungshemmender Gewürze und Kräuter kann deren positive Wirkung synergistisch verstärken und bietet so ein wertvolles Instrument zur Unterstützung der Gesundheit.

Kurkuma und Ingwer

Kurkuma und Ingwer, beides Gewürzpflanzen, werden seit Jahrhunderten in der traditionellen Medizin verwendet. In der modernen Forschung werden ihre entzündungshemmenden Eigenschaften zunehmend untersucht [s25] [s26]. Die bioaktiven Moleküle in Kurkuma, insbesondere Curcumin und Ingwer, darunter [s27]-Gingerol, wirken auf unterschiedliche Entzündungsprozesse im Körper ein [s26] [s28]. So kann Ingwer die Produktion von proinflammatorischen Zytokinen hemmen, Botenstoffen, die Entzündungen fördern [s26]. Gleichzeitig bekämpfen die antioxidativen Eigenschaften beider Gewürze oxidativen_stress, ein wichtiger Faktor bei der Entstehung chronischer Krankheiten [s26] [s25]. Kurkuma beeinflusst Cholesterin- und Triglyceridwerte positiv und reduziert LDL-Oxidation sowie die Blutgerinnung [s25]. Ingwer wiederum kann die Thrombozytenaggregation, die Blutplättchenverklumpung, reduzieren und wirkt lipidsenkend [s25]. Diese Effekte sind relevant für die Prävention von Herz-Kreislauf-Erkrankungen. Wer seine Ernährung um diese Gewürze bereichern möchte, kann Kurkuma beispielsweise in Currygerichten verwenden oder Ingwer als Tee zubereiten. Die entzündungshemmenden Eigenschaften beider Gewürze bieten zudem Potenzial zur Linderung von Muskelschmerzen nach dem Sport [s26]. Ingwer wird auch traditionell gegen Übelkeit und Erbrechen eingesetzt, etwa bei Schwangerschaftsübelkeit oder im Rahmen einer Chemotherapie [s28]. Die Forschung zu den entzündungshemmenden Effekten beider Gewürze, insbesondere im Kontext chronischer Erkrankungen wie Arthritis, ist vielversprechend, aber erfordert weitere klinische Studien [s28] [s29]. So variieren die Ergebnisse von Studien zur Wirksamkeit von Ingwer bei Arthritis [s28]. Dennoch kann die Integration von Kurkuma und Ingwer in die Ernährung eine sinnvolle Ergänzung zu anderen therapeutischen Maßnahmen sein [s29].

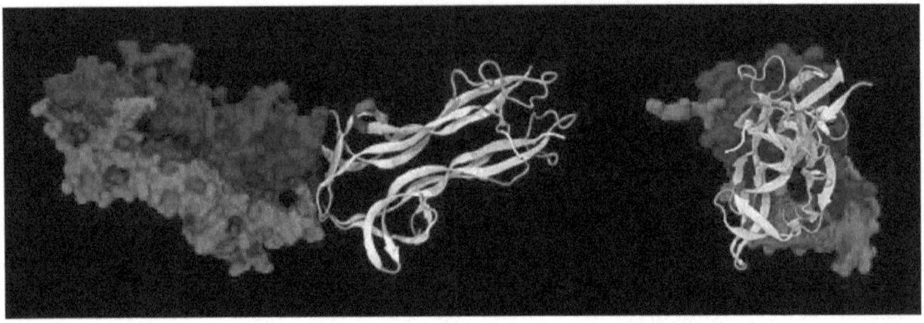

Zytokin [i15]

Gut zu wissen

Arthritis

Ein Sammelbegriff für entzündliche Gelenkerkrankungen. Kurkuma und Ingwer werden aufgrund ihrer entzündungshemmenden Eigenschaften zur Linderung von Arthritis-Symptomen untersucht.

Curcumin

Der wichtigste bioaktive Bestandteil in Kurkuma, dem entzündungshemmende, antioxidative und antikarzinogene Eigenschaften zugeschrieben werden. Studien legen nahe, dass Curcumin die Aktivität von Entzündungsmediatoren wie NF-ϰB hemmt.

Thrombozytenaggregation

Die Verklumpung von Blutplättchen (Thrombozyten), die zur Bildung von Blutgerinnseln führen kann. Ingwer hemmt die Thrombozytenaggregation und wirkt somit blutverdünnend, was das Risiko von Thrombosen und Schlaganfällen reduzieren kann.

Entzündungshemmende Eigenschaften von Kurkuma und Ingwer

Vergleich der wichtigsten Wirkstoffe

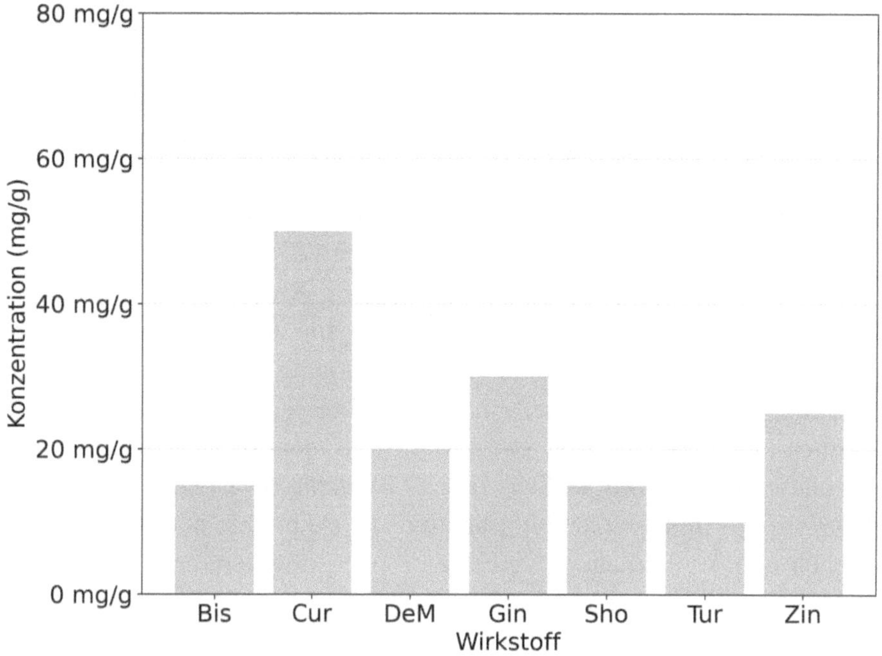

Bis: Bisdemethoxycurcumin (Kurkuma)

Cur: Curcuminoide (Kurkuma)

DeM: Demethoxycurcumin (Kurkuma)

Gin: Gingerole (Ingwer)

Sho: Shogaole (Ingwer)

Tur: Turmerone (Kurkuma)

Zin: 6-Gingerol (Ingwer)

Während sowohl Kurkuma als auch Ingwer entzündungshemmende Eigenschaften aufweisen, legen diese Daten nahe, dass Kurkuma höhere Konzentrationen an Curcuminoiden besitzt, die für ihre starken entzündungshemmenden Wirkungen bekannt sind. Ingwer hingegen zeichnet sich durch seinen Gingerolgehalt aus und bietet verschiedene, aber dennoch wertvolle entzündungshemmende Vorteile. Ein ausgewogener Ansatz, der beide Gewürze beinhaltet, könnte ein breiteres Spektrum an entzündungshemmender Unterstützung bieten.

Mediterrane Kräuter

Mediterrane Kräuter zeichnen sich durch ihre vielfältigen gesundheitsfördernden Eigenschaften aus, insbesondere durch ihre entzündungshemmenden Wirkungen. Studien belegen, dass ein Großteil dieser Kräuter nachweislich entzündungshemmende Eigenschaften aufweist [s30]. Rosmarin, Salbei und Oregano sind reich an antioxidantien, vor allem phenolischen Verbindungen wie Rosmarinsäure, die maßgeblich zu ihrer antioxidativen Kraft beitragen [s31]. Auch in anderen mediterranen Kräutern wie Thymian finden sich antioxidative, entzündungshemmende und sogar antineoplastische (gegen Krebszellen gerichtete) Eigenschaften [s32]. Die Hauptwirkstoffe im Thymian, Thymol und Carvacrol, sind für die antioxidative Wirkung verantwortlich [s32]. Oregano, Rosmarin, Salbei und Thymian enthalten zudem hohe Mengen an Polyphenolen, die nicht nur antioxidativ, sondern auch entzündungshemmend wirken [s33]. Bemerkenswert ist, dass diese Polyphenole ihre entzündungshemmende Aktivität auch nach dem Kochen und der Verdauung beibehalten [s33]. Sie hemmen die Aktivität von entzuendungsmediatoren und tragen so zur Eindämmung von Entzündungsprozessen bei [s33]. Die Kombination verschiedener Kräuter kann die entzündungshemmende Wirkung sogar synergistisch verstärken [s33]. Ein Kräutertee mit Thymian und Rosmarin kann so die entzündungshemmenden Eigenschaften beider Kräuter vereinen. Zusätzlich zur entzündungshemmenden Wirkung kann die Verwendung von Kräutern und Gewürzen den Salzkonsum senken, was positive Auswirkungen auf die Herzgesundheit hat [s30]. Die mediterrane Küche, die reich an diesen Kräutern ist, gilt nicht umsonst als eine der gesündesten Ernährungsweisen [s34]. Die bioverfuegbarkeit mancher entzündungshemmenden Substanzen in Kräutern lässt sich, wie Studien zeigen, durch die Kombination mit bestimmten anderen Nahrungsbestandteilen erhöhen [s35]. So kann die Aufnahme von

Kurkuma mit schwarzem Pfeffer die Bioverfügbarkeit des Curcumins verbessern.

Entzündungshemmende Eigenschaften mediterraner Kräuter

Relative Wirksamkeit entzündungshemmender Verbindungen in ausgewählten mediterranen Kräutern.

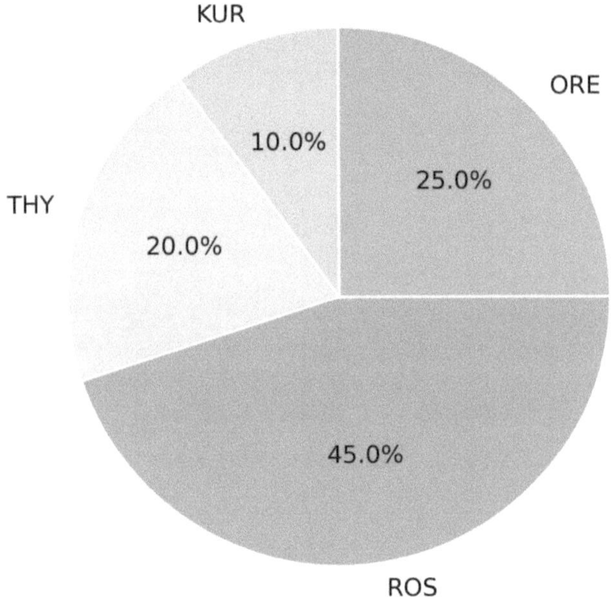

KUR: Kurkuma (Curcumin)

ORE: Oregano (Carvacrol/Thymol)

ROS: Rosmarin (Rosmarinsäure)

THY: Thymian (Carvacrol/Thymol)

Rosmarinsäure, die hauptsächlich in Rosmarin vorkommt, weist unter den ausgewählten Kräutern das höchste entzündungshemmende Potenzial auf. Während Oregano und Thymian mit ihrem kombinierten Carvacrol- und Thymolgehalt erheblich dazu beitragen, deutet der geringere Anteil an Curcumin in Kurkuma darauf hin, dass es eine geringere, aber dennoch wertvolle Rolle in dieser speziellen Kräutermischung für entzündungshemmende Zwecke spielt. Die Verwendung dieser Mischung kann eine Vielzahl von entzündungshemmenden Vorteilen bieten.

Heilsame Gewürzmischungen

Heilsame Gewürzmischungen bieten über die Einzelanwendung von Gewürzen hinaus erweiterte Möglichkeiten, die Gesundheit positiv zu beeinflussen. Durch die Kombination verschiedener Gewürze können synergistische Effekte entstehen, die die Gesamtwirkung verstärken. So können sich die entzündungshemmenden Eigenschaften von Ingwer [s36] und Kurkuma gegenseitig ergänzen und gleichzeitig die antioxidative Kapazität der Mischung erhöhen. Während Ingwer die Biosynthese von Entzündungsbotenstoffen wie Prostaglandinen und Leukotrienen hemmt [s36], wirkt Kurkuma zusätzlich auf Transkriptionsfaktoren wie NF-ϰB, die an der Regulation von Entzündungsgenen beteiligt sind [s37]. Eine solche Kombination kann in Form eines Tees oder als Bestandteil von Currys zubereitet werden und so regelmäßig in den Speiseplan integriert werden. Auch die Kombination aus Ingwer und Zimt kann vorteilhaft sein, da Zimt ebenfalls die Aktivität von NF-ϰB reduziert [s38] und somit die entzündungshemmende Wirkung des Ingwers unterstützt. Ein weiterer wichtiger Aspekt von Gewürzmischungen ist die Möglichkeit, die bioverfuegbarkeit einzelner Komponenten zu verbessern. Die Aufnahme von Kurkuma mit schwarzem Pfeffer erhöht bekanntlich die Bioverfügbarkeit von curcumin [s37]. Ähnliche Effekte könnten auch bei anderen Gewürzkombinationen auftreten und die Wirksamkeit der jeweiligen Inhaltsstoffe steigern. Neben Kurkuma und Ingwer bieten auch mediterrane Kräuter wie Rosmarin, Thymian und Oregano ein breites Spektrum an gesundheitsfördernden Eigenschaften [s39]. Eine Mischung aus diesen Kräutern kann nicht nur den Geschmack von Speisen verfeinern, sondern auch die antioxidative und entzündungshemmende Wirkung verstärken. So können beispielsweise Rosmarin und Thymian zu einem Tee kombiniert oder als Gewürzmischung für Fleisch- und Gemüsegerichte verwendet werden. Die vielfältigen Kombinationsmöglichkeiten von Gewürzen und Kräutern erlauben eine individuelle Anpassung an die persönlichen

Bedürfnisse und Geschmacksvorlieben und bieten somit ein wertvolles Instrument zur Unterstützung der Gesundheit. So kann eine Gewürzmischung aus Allgewürz, Basilikum, Kümmel, Nelke, Koriander, Dill, Ingwer, Rosmarin, Safran und Thymian nicht nur geschmacklich überzeugen, sondern auch durch die Kombination der einzelnen Gewürze die antioxidativen, entzündungshemmenden und antimikrobiellen Eigenschaften synergistisch verstärken [s39]. Die Verwendung solcher Mischungen in der täglichen Küche stellt eine einfache und zugleich effektive Methode dar, um von den gesundheitsfördernden Eigenschaften der Gewürze zu profitieren.

Kurkuma [i16]

Beispiel für eine entzündungshemmende Gewürzmischung

Zusammensetzung der Gewürzmischung für entzündungshemmende Wirkung.

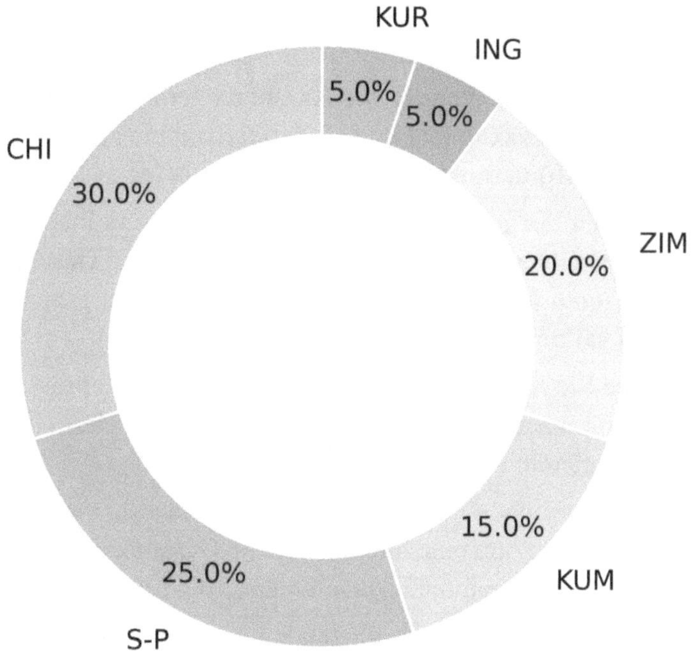

CHI: Cayennepfeffer
ING: Ingwer
KUM: Kreuzkümmel
KUR: Kurkuma
S-P: Schwarzer Pfeffer
ZIM: Zimt

Diese Mischung betont Kurkuma und Ingwer aufgrund ihrer starken entzündungshemmenden Eigenschaften, ergänzt durch Zimt zur Regulierung des Blutzuckers und Kreuzkümmel zur Unterstützung der Verdauung. Die geringeren Mengen an schwarzem Pfeffer und Cayennepfeffer erhöhen die Bioverfügbarkeit und sorgen für Wärme.

Konkrete Ratschläge

- Kreieren Sie Ihr persönliches entzündungshemmendes Gewürzöl, indem Sie Olivenöl mit Kurkuma, Ingwer und Chili ansetzen und Salate oder Gemüse damit verfeinern.
- Reichern Sie Ihre Smoothies mit einer Prise Zimt, Kardamom und gemahlenem Ingwer an, um deren entzündungshemmende Kraft zu nutzen.
- Rösten Sie Wurzelgemüse wie Karotten oder Pastinaken mit Kurkuma, Kreuzkümmel und Koriander, um ein aromatisches und gesundheitsförderndes Ofengemüse zu zaubern.
- Verwenden Sie gemahlenen Ingwer und Nelken in Ihren selbstgemachten Suppen und Eintöpfen, um deren Geschmack zu intensivieren und gleichzeitig von deren entzündungshemmenden Eigenschaften zu profitieren.
- Mischen Sie Kurkuma mit etwas schwarzem Pfeffer und geben Sie diese Kombination zu Ihren morgendlichen Rühreiern, um die Bioverfügbarkeit des Curcumins zu erhöhen.
- Experimentieren Sie mit Sternanis und Fenchel in Ihren Fischgerichten, um eine ungewöhnliche Geschmacksnote zu erzielen und gleichzeitig entzündungshemmend zu wirken.
- Bereiten Sie sich einen beruhigenden Abendtee mit Kamille, Kurkuma und Honig zu, um den Tag entspannt ausklingen zu lassen und die nächtliche Regeneration zu fördern.
- Verfeinern Sie Ihr selbstgemachtes Müsli oder Joghurt mit gemahlenen Gewürzen wie Ingwer, Zimt und Kardamom, um einen gesunden und aromatischen Start in den Tag zu gewährleisten.

2. 2 Nährstoffreiche Gemüsesorten

Gemüse liefert essenzielle Nährstoffe und bioaktive Substanzen, die eine zentrale Rolle in der antientzündlichen, basischen Ernährung spielen. Verschiedene Gemüsesorten wie Grünblatt-, Wurzel- und Kohlgemüse bieten jeweils ein einzigartiges Nährstoffprofil mit spezifischen Vorteilen, aber auch potenziellen Herausforderungen. Der Einfluss dieser Nährstoffe auf Entzündungsprozesse, sowie die optimale Zubereitung zur bestmöglichen Nährstoffaufnahme, werden in diesem Kapitel detailliert beleuchtet. Entdecken Sie die Vielfalt und Heilkraft von Gemüse und integrieren Sie es gezielt in Ihren Speiseplan.

Für maximale Nährstoffverfügbarkeit und entzündungshemmende Wirkung sollten nährstoffreiche Gemüsesorten wie grünes Blattgemüse, Wurzelgemüse und Kohlgewächse durch geeignete Zubereitungsarten wie Kochen, Dämpfen oder Fermentieren zubereitet werden, um antinutritive Stoffe zu reduzieren.

Grünblattgemüse

Grünblattgemüse liefert eine Fülle an Vitaminen, Mineralstoffen und Ballaststoffen, die zu einer gesunden Ernährung beitragen [s40]. Besonders hervorzuheben sind die carotinoide in dunkelgrünen Sorten [s40]. Diese sekundären Pflanzenstoffe besitzen antioxidative und entzündungshemmende Eigenschaften [s40]. Die bioaktiven Substanzen in Grünblattgemüse wirken ebenfalls entzündungshemmend [s41]. Studien zeigen einen Zusammenhang zwischen dem Verzehr von Obst und Gemüse, einschließlich Grünblattgemüse und niedrigeren Entzündungsmarkern [s41]. Eine Ernährung, die reich an Antioxidantien und entzündungshemmenden Verbindungen ist, kann das Risiko für neurologische Erkrankungen senken [s41]. Ballaststoffe aus grünem Blattgemüse sind mit einem geringeren Risiko für Herz-Kreislauf-Erkrankungen verbunden [s40]. Um diese positiven Effekte bestmöglich zu nutzen, wird eine erhöhte tägliche Aufnahme von Gemüse, insbesondere Grünblattgemüse, empfohlen [s40]. Die Empfehlung, täglich fünf Portionen Obst und Gemüse zu konsumieren, dient unter anderem dazu, proinflammatorische Zytokine zu reduzieren [s41]. Wer seinen Speiseplan entsprechend umstellen möchte, kann mittags beispielsweise einen großen gemischten Salat mit Blattspinat, Feldsalat und Rucola zubereiten und abends gedünstetes Gemüse wie Brokkoli als Beilage wählen, um so die empfohlene Menge an Obst und Gemüse leichter zu erreichen. Dabei gilt es zu beachten, dass Grünblattgemüse, wie Spinat oder Mangold, Oxalate enthalten, die die Calciumaufnahme hemmen und das Risiko von Nierensteinen erhöhen können [s42]. Durch Kochen oder Dämpfen lässt sich der Oxalatgehalt jedoch deutlich reduzieren, wodurch die Mineralverfügbarkeit steigt [s42]. Ein ähnlicher Effekt zeigt sich bei Phytaten, die die Aufnahme von Eisen und Zink hemmen, aber gleichzeitig antioxidative Eigenschaften besitzen [s42].

Auch hier kann die Zubereitung durch Fermentation oder Einweichen den Phytatgehalt senken und die Mineralverfügbarkeit verbessern [s42].

Fermentation [i17]

Nährstoffgehalt von Blattgemüse

Vergleich der wichtigsten Nährstoffgehalte in Blattgemüse.

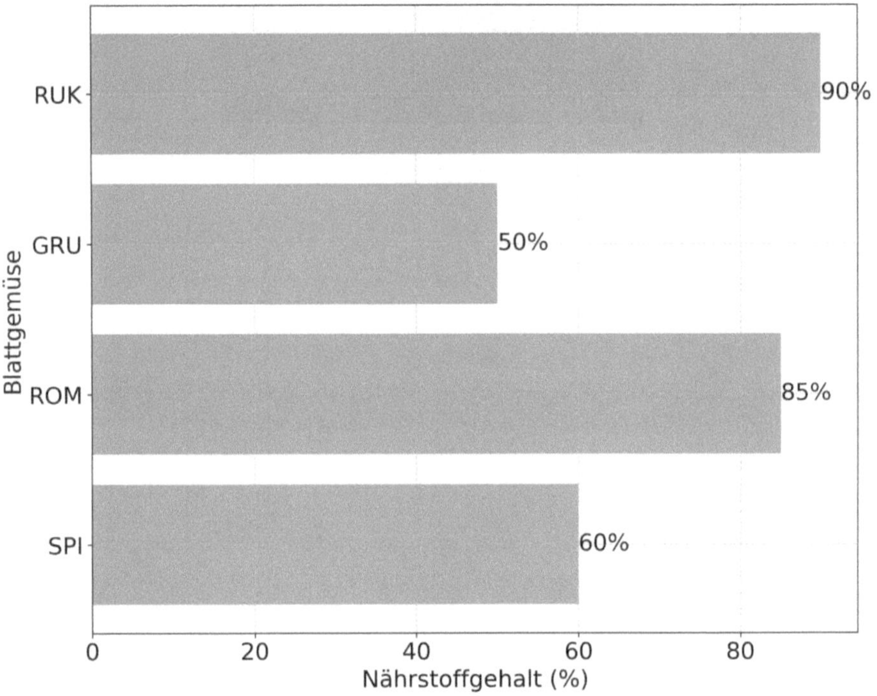

GRU: Grünkohl

RUK: Rucola

ROM: Römersalat

SPI: Spinat

Spinat weist die höchste Gesamtnährstoffdichte auf, dicht gefolgt von Grünkohl. Römersalat bietet zwar eine gute Menge an Vitamin A, bleibt aber bei anderen Nährstoffen zurück. Rucola enthält zwar weniger Vitamin K, aber eine erhebliche Menge an Vitamin C.

Wurzelgemüse

Wurzelgemüse bietet eine breite Palette an Nährstoffen und bioaktiven Substanzen, die zu einer gesunden Ernährung beitragen. Neben Stärke und Ballaststoffen [s43] liefern sie Vitamine, Mineralstoffe und sekundaere_pflanzenstoffe mit antioxidativen und entzündungshemmenden Eigenschaften [s44]. Die Zusammensetzung variiert je nach Sorte: Während beispielsweise Taro einen hohen Stärkeanteil von 70-80% aufweist und als gute Energiequelle dient [s45], zeichnen sich andere Wurzelgemüse durch einen hohen Gehalt an Vitaminen und Mineralien aus [s44]. Die Ballaststoffe in Wurzelgemüse fördern die Verdauung [s43] und können das Risiko für entzündliche Darmerkrankungen senken, indem sie die Darmflora positiv beeinflussen [s46]. Die enthaltenen Phenolsäuren und Antioxidantien wirken ebenfalls entzündungshemmend [s46]. Wurzelgemüse kann, zu vergleichen mit Grünblattgemüse, jedoch Schadstoffe aus dem Boden aufnehmen [s44]. Die Belastung ist in der Regel gering und für die meisten Menschen unbedenklich. Dennoch lohnt es sich, beim Einkauf auf regionale und biologisch angebaute Produkte zu achten, um die Schadstoffbelastung zu minimieren. Durch Schälen verringert sich der Ballaststoffgehalt, weshalb ein Verzehr mit Schale, sofern verträglich, empfehlenswert ist [s43]. Taro, reich an Kalium, Vitamin C und B-Vitaminen [s45], lässt sich gut in den Speiseplan integrieren und ergänzt so die Nährstoffzufuhr durch andere Wurzel- und Gemüsesorten. Kochen, Dämpfen oder Fermentieren kann den Gehalt antinutritiver Stoffe wie Oxalate und Trypsin-Inhibitoren reduzieren [s45] und die Nährstoffverfügbarkeit verbessern.

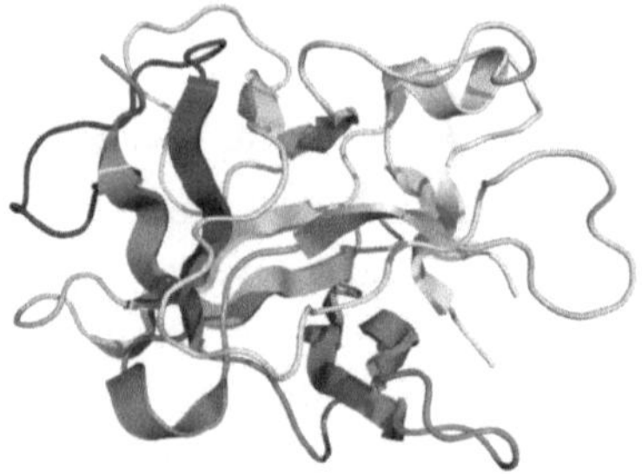

Trypsin-Inhibitor [i18]

Gut zu wissen

Bioaktive Substanzen

Bioaktive Substanzen in Wurzelgemüse, wie z.B. Carotinoide und Flavonoide, können oxidative Schäden reduzieren und Entzündungen entgegenwirken.

Entzündungshemmenden

Entzündungshemmende Eigenschaften bestimmter Inhaltsstoffe in Wurzelgemüse können dazu beitragen, chronische Entzündungen zu reduzieren und das Risiko von entzündungsbedingten Krankheiten zu senken.

Trypsin-Inhibitoren

Trypsin-Inhibitoren können die Proteinverdauung beeinträchtigen. Durch Kochen, Dämpfen oder Fermentieren werden sie inaktiviert und die Nährstoffverfügbarkeit verbessert.

Mineralstoffgehalt von Wurzelgemüse

Wichtige Mineralien für entzündungshemmende Ernährung

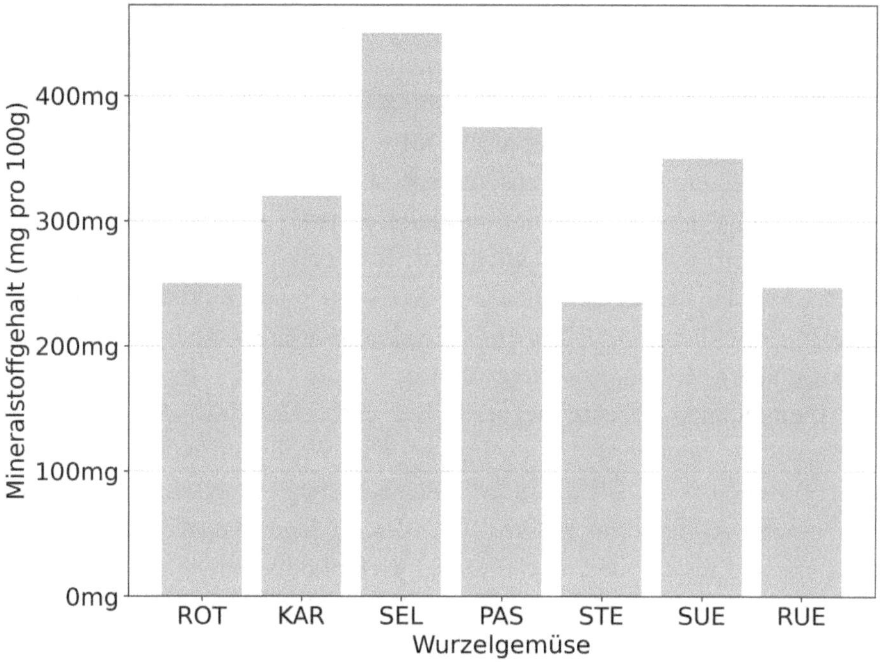

KAR: Karotten

ROT: Rote Bete

SEL: Sellerie

SUE: Süßkartoffeln

PAS: Pastinaken

RUE: Rüben

STE: Steckrüben

Dieses Diagramm hebt die unterschiedliche Mineralstoffzusammensetzung gängiger Wurzelgemüse hervor. Kalium ist bei allen Optionen konstant hoch, was darauf hindeutet, dass dieses Gemüse eine gute Quelle für diesen wichtigen Elektrolyten ist. Während einige wie Rote Bete und Karotten eine angemessene Menge an Eisen und Magnesium bieten, sind andere weniger reichhaltig. Die Auswahl einer Vielzahl von Wurzelgemüsen kann dazu beitragen, eine ausgewogene Mineralstoffaufnahme für eine entzündungshemmende Ernährung zu gewährleisten.

Kohlgewächse

Kohlgewächse, auch Kreuzblütler genannt, bieten eine Vielzahl an gesundheitlichen Vorteilen, insbesondere im Kontext einer antientzündlichen Ernährung. Sie liefern nicht nur wichtige Vitamine und Mineralstoffe, sondern auch eine Fülle an bioaktiven Substanzen, darunter polyphenole [s47]. Diese sekundären Pflanzenstoffe besitzen nachweislich entzündungshemmende Eigenschaften und können die Aktivität von proinflammatorischen Enzymen modulieren [s47]. Die Kombination von Ballaststoffen und antioxidantien in Kohlgemüse wirkt sich zudem positiv auf die Darmgesundheit aus und kann so entzündungshemmende Effekte zusätzlich verstärken [s47]. Neben den entzündungshemmenden Eigenschaften sind Kohlgewächse auch für ihre potenziell krebshemmenden Effekte bekannt. Sie enthalten Sulforaphan, dem in Studien eine hemmende Wirkung auf das Wachstum von Krebszellen zugeschrieben wird [s48]. Ein erhöhter Konsum von Kreuzblütlern wird mit einem reduzierten Risiko für verschiedene Krebsarten, darunter Lungen-, Blasen- und bestimmte Lymphomarten, in Verbindung gebracht [s48]. Besonders Sprossen von Kohlgewächsen zeichnen sich durch einen hohen Sulforaphanggehalt aus und können daher eine wertvolle Ergänzung einer krebspräventiven Ernährung sein [s48]. Die Nährstoffdichte von Kohlgemüse ist in der Mikrogrün-Phase, also im Keimlingsstadium, besonders hoch [s49]. Wer seine Nährstoffzufuhr optimieren möchte, kann daher regelmäßig Brokkoli-, Kohl- oder Radieschensprossen in seinen Speiseplan integrieren. Trotz der zahlreichen Vorteile sollten auch potenzielle Nachteile beachtet werden.

Kohlgewächse enthalten Goitrogene, die die Schilddrüsenfunktion beeinflussen können [s50]. Bei bestehender Schilddrüsenunterfunktion oder Jodmangel ist daher ein maßvoller Konsum ratsam und gegebenenfalls eine Rücksprache mit einem Arzt oder Ernährungsberater sinnvoll. Durch Erhitzen, z.B.

Dünsten, lässt sich der Goitrogengehalt reduzieren, ohne die anderen wertvollen Inhaltsstoffe zu verlieren [s50].

Sprossen [i19]

Nährstoffdichte von Kreuzblütlern

Nährstoffdichte und Bioverfügbarkeit von Kreuzblütlern in einer entzündungshemmenden Ernährung.

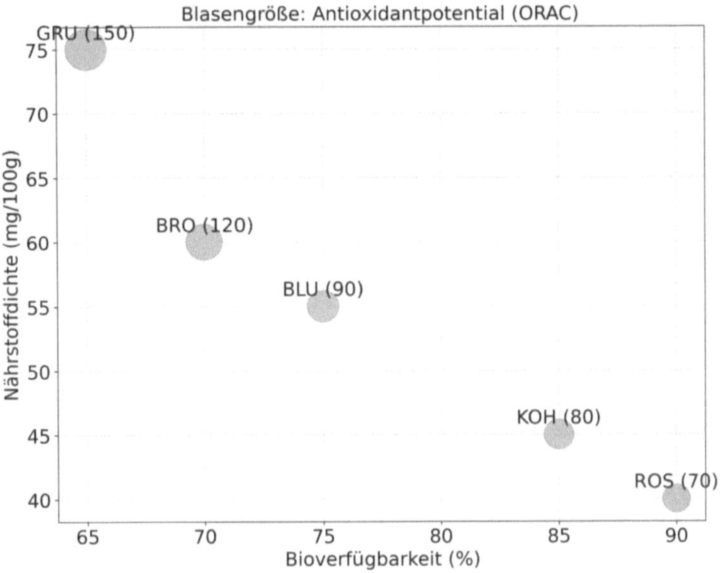

Blasengröße: Antiox. Pot. (ORAC)

BLU: Blumenkohl

BRO: Brokkoli

GRU: Grünkohl

KOH: Kohl

ROS: Rosenkohl

Dieses Diagramm zeigt die umgekehrte Beziehung zwischen Bioverfügbarkeit und Nährstoffdichte bei bestimmten Kreuzblütlern. Während einige eine hohe Nährstoffdichte aufweisen, kann ihre Bioverfügbarkeit geringer sein, was auf die Notwendigkeit unterschiedlicher Zubereitungsmethoden oder deren Kombination mit anderen Lebensmitteln zur Maximierung der Nährstoffaufnahme hindeutet. Umgekehrt können Gemüse mit geringerer Nährstoffdichte eine höhere Bioverfügbarkeit bieten, was auf eine leichtere Aufnahme durch den Körper hinweist. Dies unterstreicht die Bedeutung eines ausgewogenen Konsums dieses Gemüses für optimale gesundheitliche Vorteile.

Konkrete Ratschläge

- Entdecken Sie die Aromenvielfalt von rohem, fein geschnittenem Grünkohl, indem Sie ihn mit Zitronensaft, Olivenöl und gerösteten Pinienkernen marinieren.
- Mixen Sie nährstoffreiche grüne Smoothies mit Wildkräutern wie Brennnessel oder Giersch und ergänzen Sie diese mit Obst und Nüssen für einen vitalisierenden Start in den Tag.
- Verarbeiten Sie Ihr Lieblings-Blattgemüse zu cremigen Suppen, indem Sie es mit Kartoffeln und Gewürzen wie Muskatnuss oder Koriander verfeinern.
- Backen Sie knusprige Gemüsechips aus Grünkohl, Spinat oder Mangold, indem Sie die Blätter mit Olivenöl und Gewürzen bestreichen und im Ofen trocknen.
- Füllen Sie blanchierte Mangoldblätter mit einer Mischung aus Quinoa, gehackten Nüssen und Kräutern für eine gesunde und sättigende Mahlzeit.
- Dämpfen Sie Brokkoliröschen mit etwas Zitronensaft und bestreuen Sie sie anschließend mit gerösteten Sesamsamen für ein aromatisches Geschmackserlebnis.
- Bereiten Sie einen bunten Salat mit verschiedenen Blattsorten, geraspelten Karotten, Rote Bete und Sprossen zu und verfeinern Sie ihn mit einem selbstgemachten Kräuterdressing.
- Experimentieren Sie mit fermentiertem Gemüse, indem Sie Weißkohl oder Chinakohl mit Salz und Gewürzen einlegen, um die Nährstoffverfügbarkeit zu erhöhen.
- Verwenden Sie pürierten Spinat oder Grünkohl als Basis für grüne Soßen und Pestos, die Sie zu Nudeln, Kartoffeln oder Fisch servieren können.

2. 3 Gesunde Proteinquellen

Protein ist ein essentieller Baustein für den Körper, besonders in einer antientzündlichen, basischen Ernährung. Die Wahl der richtigen Proteinquellen beeinflusst nicht nur den Muskelaufbau und die Sättigung, sondern auch den Säure-Basen-Haushalt und Entzündungsprozesse. Falsche Entscheidungen können diese Prozesse negativ beeinflussen und gesundheitliche Probleme begünstigen. In diesem Kapitel lernen Sie die Vorteile von Hülsenfrüchten, Nüssen, Samen und fettreichen Kaltwasserfischen als gesunde Proteinlieferanten kennen. Sie erfahren, wie diese Lebensmittel Entzündungen reduzieren und zu einer ausgeglichenen basischen Ernährung beitragen können. Entdecken Sie die Vielfalt gesunder Proteinquellen und integrieren Sie diese effektiv in Ihren Speiseplan.

Für eine optimale Proteinversorgung und die Vermeidung potenzieller Nährstoffdefizite ist es empfehlenswert, verschiedene Proteinquellen, insbesondere pflanzliche wie Hülsenfrüchte und Getreide, miteinander zu kombinieren.

Hülsenfrüchte

Hülsenfrüchte liefern pflanzliches Protein und eine Fülle an Nährstoffen, darunter Ballaststoffe, die mit einem geringeren Risiko für Herz-Kreislauf-Erkrankungen und Fettleibigkeit assoziiert werden [s51]. Sie enthalten auch sekundäre Pflanzenstoffe mit antioxidativen und entzündungshemmenden Eigenschaften [s51]. Insbesondere die enthaltenen polyphenole, Polysaccharide und Peptide tragen zu diesen Effekten bei [s52]. Diese bioaktiven Komponenten unterstützen auch die hypoglykämischen, hypolipidemischen und antihypertensiven Eigenschaften von Hülsenfrüchten [s52]. Die Ballaststoffe in Hülsenfrüchten fördern zudem eine gesunde Verdauung und ein gesundes Mikrobiom [s53]. Der regelmäßige Verzehr von Hülsenfrüchten kann so das Risiko chronischer Krankheiten senken [s53]. Für Menschen, die ihren Eisenbedarf über pflanzliche Kost decken, sind Hülsenfrüchte eine gute Quelle für nicht-häme Eisen [s54]. Die Aufnahme dieses Eisens lässt sich durch die Kombination mit Vitamin-C-reichen Lebensmitteln, etwa Paprika in einem Linseneintopf, verbessern [s54]. Die Kombination von Hülsenfrüchten mit anderen pflanzlichen Proteinquellen, wie Getreide, optimiert die biologische Wertigkeit des Proteins und trägt dazu bei, potenzielle Nährstoffdefizite zu vermeiden [s53]. So kann etwa die Kombination von Kichererbsen (reich an Lysin, aber arm an Methionin) mit Reis (reich an Methionin, aber arm an Lysin) ein vollständigeres Aminosäureprofil bieten, als wenn diese Lebensmittel einzeln verzehrt würden [s55].

Proteingehalt von Hülsenfrüchten

Proteinverteilung in gängigen Hülsenfrüchten.

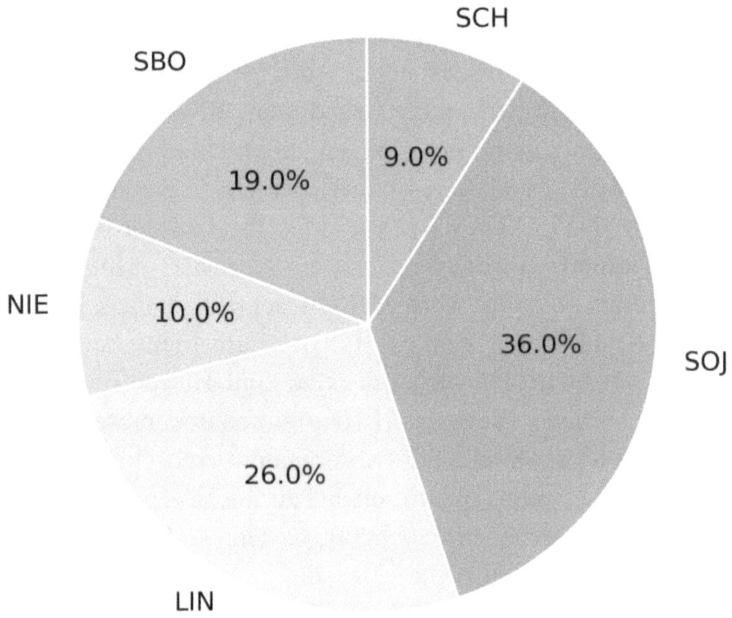

LIN: Linsen

NIE: Nierbohnen

SBO: Kichererbsen

SCH: Schwarze Bohnen

SOJ: Sojabohnen

Sojabohnen weisen im Vergleich zu anderen Hülsenfrüchten einen deutlich höheren Proteingehalt auf. Während Linsen, Kichererbsen und Nierbohnen wertvolles Protein liefern, sind sie weniger proteinreich als Sojabohnen. Dies unterstreicht die Vielseitigkeit von Sojabohnen in proteinreichen Ernährungsweisen, während andere Hülsenfrüchte als Teil einer abwechslungsreichen Ernährung zu einer ausgewogenen Proteinzufuhr beitragen können.

Nüsse und Samen

Nüsse und Samen bereichern die Ernährung durch wertvolles pflanzliches Protein und eine Reihe wichtiger Nährstoffe [s56] [s57]. Neben Proteinen liefern sie ungesättigte Fettsäuren, Ballaststoffe und eine Vielfalt an Vitaminen und Mineralien [s56] [s57]. Ihre antioxidativen Eigenschaften beruhen unter anderem auf dem Gehalt an Vitamin E, Selen und verschiedenen Polyphenolen [s58]. Diese mikronaehrstoffe schützen die Zellen vor oxidativem Stress und können so zur Prävention chronischer Erkrankungen beitragen [s58]. Die in Nüssen und Samen enthaltenen Omega-3-Fettsäuren, wie sie beispielsweise in Walnüssen, Chia- und Leinsamen vorkommen, wirken zudem entzündungshemmend [s59]. Ballaststoffe fördern die Verdauung und tragen zu einem gesunden Darmmikrobiom bei [s57]. Für eine optimale Nährstoffversorgung empfiehlt es sich, Nüsse und Samen regelmäßig in den Speiseplan zu integrieren. So kann ein Handvoll Nüsse als Zwischenmahlzeit den Hunger stillen und gleichzeitig die Nährstoffzufuhr verbessern. Schon ein Esslöffel Leinsamen im Müsli steigert den Ballaststoff- und Omega-3-Gehalt der Mahlzeit. Nüsse lassen sich vielfältig verwenden, etwa als Topping für Salate oder als Zutat in Müslis, Broten und anderen Backwaren. Durch den regelmäßigen Verzehr von Nüssen und Samen kann man von ihren positiven Eigenschaften profitieren und die eigene Gesundheit fördern.

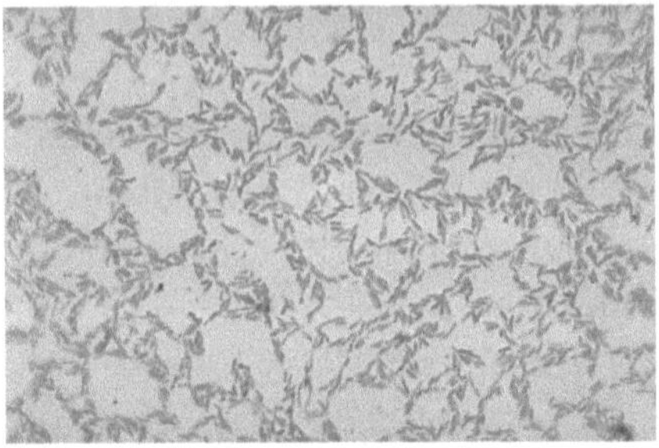

Darmmikrobiom [i20]

Gut zu wissen

Darmmikrobiom

Die Ballaststoffe in Nüssen und Samen fördern ein gesundes Darmmikrobiom, das für eine optimale Nährstoffaufnahme und ein starkes Immunsystem wichtig ist.

Polyphenole

Polyphenole in Nüssen und Samen können Entzündungen reduzieren und das Immunsystem unterstützen, was zu einer verbesserten Gesundheit beiträgt.

Protein- und Fettgehalt von Nüssen und Samen

Tolle Ergänzungen zu einer entzündungshemmenden basischen Ernährung

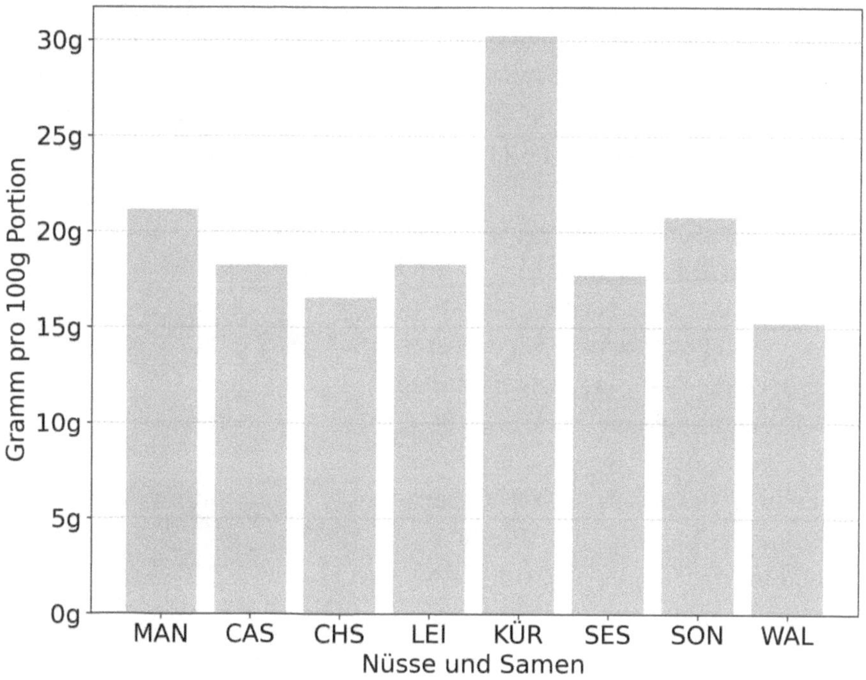

CAS: Cashewnüsse

CHS: Chiasamen

KÜR: Kürbiskerne

LEI: Leinsamen

MAN: Mandeln

SES: Sesamsamen

SON: Sonnenblumenkerne

WAL: Walnüsse

Nüsse und Samen sind wertvolle Bestandteile einer entzündungshemmenden basischen Ernährung und bieten eine reichhaltige Quelle sowohl für Proteine als auch für gesunde Fette. Obwohl Variationen bestehen, zeigt diese Tabelle ihren im Allgemeinen hohen Fettgehalt im Vergleich zu ihrem Proteingehalt. Die Einbeziehung einer Vielzahl dieser nährstoffreichen Lebensmittel kann dazu beitragen, den täglichen Bedarf an Proteinen und gesunden Fetten zu decken und gleichzeitig die allgemeine Gesundheit und das Wohlbefinden zu unterstützen.

Fettreiche Kaltwasserfische

Hering [i21]

Makrele [i22]

Fettfisch aus kalten Gewässern bietet eine wertvolle Proteinquelle mit einem hohen Anteil an langkettigen omegafettsaeuren. [s60] [s61] Diese Fettsäuren, insbesondere Eicosapentaensäure (EPA) und Docosahexaensäure (DHA), sind essenziell, da der Körper sie nicht selbst herstellen kann. Sie müssen daher über die Nahrung aufgenommen werden und spielen eine wichtige Rolle bei der Regulierung von Entzündungsprozessen. [s60] Omega-3-Fettsäuren können die Produktion entzündungsfördernder Botenstoffe reduzieren und so zur Linderung chronischer Entzündungen beitragen. [s62] Dieser Effekt ist besonders relevant für Menschen mit entzündlichen Erkrankungen. Neben den entzündungshemmenden Eigenschaften fördern Omega-3-Fettsäuren auch die Herzgesundheit, indem sie den Triglyceridspiegel senken und die Elastizität der Blutgefäße verbessern können. [s61] Kaltwasserfische wie Lachs, Makrele, Hering und Sardinen zeichnen sich durch ein besonders günstiges Verhältnis von Omega-3-Fettsäuren zu potenziellen Schadstoffen aus. [s62] Im Gegensatz zu großen Raubfischen, die am oberen Ende der Nahrungskette stehen und daher mehr Schadstoffe anreichern können, sind kleinere, fettreiche Fischarten eine vergleichsweise sichere und gesunde Quelle für diese wertvollen

Fettsäuren. Wer seinen Speiseplan mit diesen Fischarten ergänzt, profitiert nicht nur von deren Proteingehalt, sondern auch von wichtigen Vitaminen und Mineralstoffen wie Vitamin D und Selen. So kann bereits zwei Portionen fettreicher Kaltwasserfisch pro Woche die Omega-3-Zufuhr optimieren und zur Gesundheit beitragen. [s61]

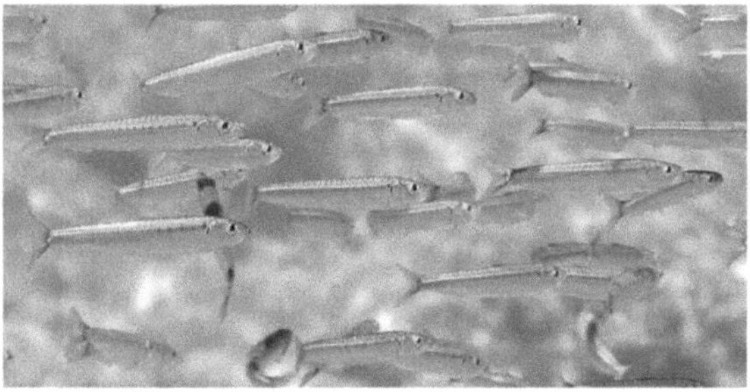

Sardinen [i23]

Gut zu wissen

Docosahexaensäure

Docosahexaensäure (DHA) ist, wie EPA, eine Omega-3-Fettsäure, die in fettreichen Kaltwasserfischen vorkommt. Sie ist wichtig für die Gehirnfunktion und kann ebenfalls entzündungshemmend wirken.

Eicosapentaensäure

Eicosapentaensäure (EPA) ist eine Omega-3-Fettsäure, die in fettreichen Kaltwasserfischen vorkommt und entzündungshemmende Wirkungen im Körper hat. Sie kann dazu beitragen, die Symptome von entzündlichen Erkrankungen zu lindern.

Omega-3-Gehalt in fettem Fisch

Vergleich der Omega-3-Werte in verschiedenen fetten Fischen.

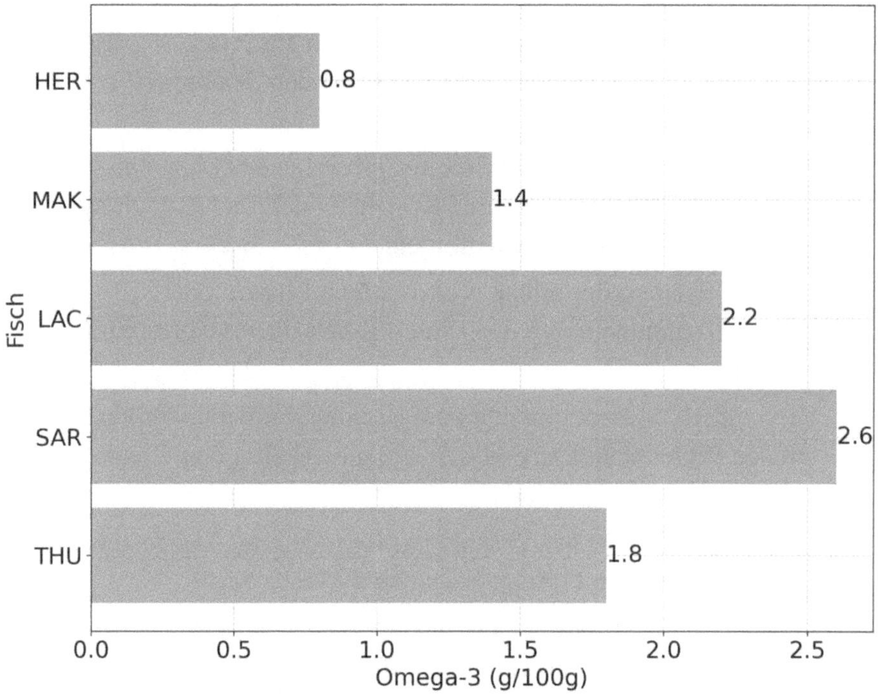

HER: Hering

MAK: Makrele

THU: Thunfisch

LAC: Lachs

SAR: Sardinen

Lachs und Makrele zeichnen sich durch den höchsten Omega-3-Gehalt aus und sind daher eine ausgezeichnete Wahl für eine entzündungshemmende Ernährung. Hering und Sardinen bieten ebenfalls gute Mengen, während Thunfisch, obwohl eine gute Quelle, vergleichsweise weniger Omega-3 enthält.

Konkrete Ratschläge

- Keimen Sie Linsen oder Kichererbsen und verarbeiten Sie die Sprossen in Salaten oder Aufstrichen, um die Proteinverfügbarkeit zu erhöhen.
- Integrieren Sie Hanfsamen in Ihre Ernährung, da sie alle essenziellen Aminosäuren enthalten und ein vollständiges Protein liefern.
- Bereiten Sie proteinreiche Energiebällchen aus Nüssen, Samen und getrockneten Früchten zu, um einen gesunden Snack für zwischendurch zu haben.
- Mixen Sie proteinreiche Drinks aus pflanzlicher Milch, Nüssen, Samen und Früchten, um Ihren Körper schnell und einfach mit wichtigen Nährstoffen zu versorgen.
- Ersetzen Sie herkömmliche Nudeln durch Linsen- oder Kichererbsennudeln, um den Proteingehalt Ihrer Mahlzeiten zu steigern.
- Verwenden Sie Lupinenmehl zum Backen von Brot oder Kuchen, um den Proteinanteil zu erhöhen und gleichzeitig den Glutenanteil zu reduzieren.
- Kombinieren Sie Hülsenfrüchte mit fermentierten Lebensmitteln wie Sauerkraut, um die Proteinverdauung zu verbessern.
- Rösten Sie Nüsse und Samen, um deren Aroma zu intensivieren und die Bekömmlichkeit zu verbessern.
- Bereiten Sie eine cremige Suppe aus Kürbis und gerösteten Kürbiskernen zu, um eine wärmende und proteinreiche Mahlzeit zu genießen.
- Experimentieren Sie mit verschiedenen Algenarten wie Spirulina oder Chlorella, die reich an Proteinen und weiteren Nährstoffen sind.
- Weichen Sie Nüsse und Samen vor dem Verzehr ein, um die Nährstoffaufnahme zu optimieren und die Verdauung zu erleichtern.

Rückblick - 2. Heilende Lebensmittel und Zubereitungsarten

Eine antientzündliche, basische Ernährung kann Ihre Gesundheit nachhaltig positiv beeinflussen. Im Zentrum stehen dabei Lebensmittel, die reich an Antioxidantien, sekundären Pflanzenstoffen und entzündungshemmenden Nährstoffen sind. Doch wie lassen sich diese Erkenntnisse in die tägliche Ernährung integrieren? Der Schlüssel liegt in der bewussten Auswahl und Zubereitung der Lebensmittel. Beginnen Sie beispielsweise mit der Integration von Gewürzen wie Kurkuma und Ingwer. Ein morgendlicher Kurkuma-Latte mit einem Hauch schwarzem Pfeffer (zur besseren Curcumin-Aufnahme) oder ein Ingwertee am Nachmittag können bereits einen wertvollen Beitrag leisten. Experimentieren Sie mit Gewürzmischungen, um den Geschmack Ihrer Gerichte zu verfeinern und gleichzeitig von den synergistischen Effekten verschiedener Gewürze zu profitieren. Eine Currypaste mit Kurkuma, Ingwer, Zimt und Chili verleiht Ihren Speisen nicht nur eine exotische Note, sondern unterstützt gleichzeitig Ihre Gesundheit.

Neben Gewürzen spielen auch Gemüse, insbesondere Grünblatt- und Wurzelgemüse, eine zentrale Rolle in der antientzündlichen Ernährung. Achten Sie auf eine abwechslungsreiche Auswahl und variieren Sie die Zubereitung. Dämpfen oder Blanchieren erhält wertvolle Nährstoffe, während Fermentieren die Bioverfügbarkeit bestimmter Mineralien erhöhen kann. Integrieren Sie Grünblattgemüse wie Spinat und Rucola in Ihre Salate und Smoothies und bereichern Sie Ihre Mahlzeiten mit Ofengemüse aus Karotten, Pastinaken und Süßkartoffeln. Beachten Sie dabei, dass manche Gemüsesorten, wie Spinat, Oxalate enthalten. Durch Kochen lassen sich diese jedoch reduzieren. Bei Wurzelgemüse empfiehlt sich der Verzehr mit Schale, sofern verträglich, um den Ballaststoffgehalt zu maximieren.

Hülsenfrüchte, Nüsse, Samen und fettreiche Kaltwasserfische runden das Bild einer antientzündlichen Ernährung ab. Hülsenfrüchte liefern wertvolles pflanzliches Protein und Ballaststoffe. Kombinieren Sie sie mit Getreide, um ein vollständiges Aminosäureprofil zu gewährleisten. Nüsse und Samen bieten gesunde Fette, Antioxidantien und Ballaststoffe. Integrieren Sie sie als Snack oder als Topping für Salate und Müsli. Fettreiche Kaltwasserfische wie Lachs, Makrele und Hering liefern wertvolle Omega-3-Fettsäuren, die eine Schlüsselrolle bei der Entzündungshemmung spielen. Achten Sie auf eine nachhaltige Herkunft und genießen Sie diese Fische ein- bis zweimal pro Woche.

Die Umstellung auf eine antientzündliche Ernährung mag zunächst herausfordernd erscheinen. Beginnen Sie mit kleinen Schritten und integrieren Sie nach und nach neue Lebensmittel und Zubereitungsarten in Ihren Alltag. Konzentrieren Sie sich auf die positiven Aspekte und lassen Sie sich von den vielfältigen Geschmacksmöglichkeiten inspirieren. Mit Geduld und Kreativität können Sie eine Ernährung gestalten, die nicht nur Ihre Gesundheit fördert, sondern auch Genuss und Wohlbefinden steigert.

3. Praktische Umsetzung der heilenden Küche

Wie lässt sich eine gesunde Ernährung in den hektischen Alltag integrieren? Die Umstellung auf eine antientzündliche, basische Küche erfordert mehr als nur neue Rezepte - sie verlangt nach einem durchdachten System. Von der klugen Vorratshaltung bis zur zeitsparenden Zubereitung führt der Weg zu einer nachhaltigen Ernährungsumstellung über praktische Routinen. Mit den richtigen Strategien und Techniken wird die heilende Küche zum selbstverständlichen Teil des täglichen Lebens. In diesem Kapitel erfahren Sie, wie Sie Ihre Küche Schritt für Schritt in eine Werkstatt für Gesundheit und Wohlbefinden verwandeln.

3. 1 Mahlzeitenplanung

Mahlzeitenplanung ist ein zentraler Bestandteil der praktischen Umsetzung einer antientzündlichen, basischen Ernährung. Sie beeinflusst Stoffwechselprozesse, Nährstoffverwertung und Blutzuckerkontrolle. Eine falsche Planung kann gesundheitliche Vorteile zunichtemachen. Dieses Kapitel zeigt, wie Sie Ihre Mahlzeiten zeitlich optimal abstimmen, Portionsgrößen anpassen und Lebensmittel so kombinieren, dass sie die antientzündliche Wirkung optimal unterstützen. Entdecken Sie, wie Sie mit einem durchdachten Mahlzeitenplan Ihre Gesundheit nachhaltig fördern.

Für eine optimale Wirkung der heilenden/antientzündlichen, basischen Küche ist die Berücksichtigung des natürlichen Tagesrhythmus (zirkadianer Rhythmus) entscheidend. Ein regelmäßiger Mahlzeitenrhythmus mit frühem Frühstück und Abendessen innerhalb der aktiven Tagesphasen unterstützt die Stoffwechselgesundheit und Blutzuckerkontrolle deutlich.

Tagesrhythmus

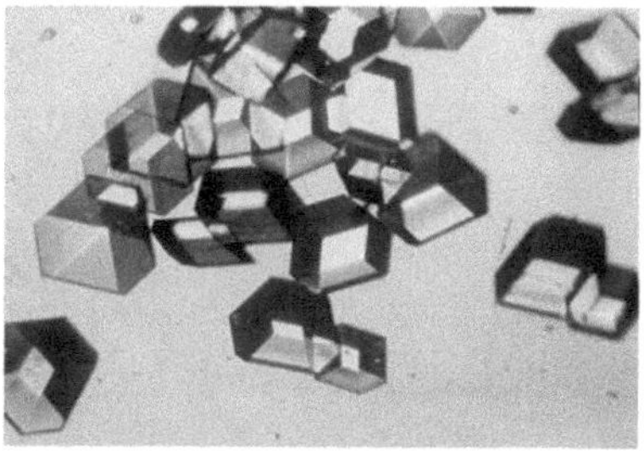

Insulin [i24]

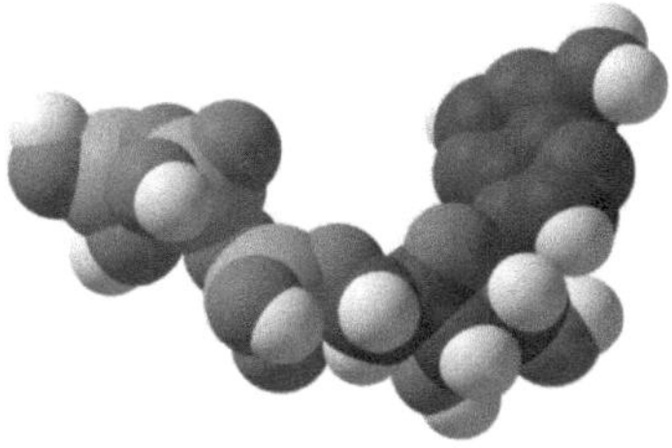

Stoffwechsel [i25]

Unser Körper folgt einem natürlichen 24-Stunden-Rhythmus, dem zirkadianen Rhythmus, der viele unserer Körperfunktionen steuert, darunter auch den Stoffwechsel. Die Abstimmung unserer Essenszeiten auf diesen Rhythmus kann unsere metabolische Gesundheit maßgeblich beeinflussen [s63]. So kann die Einnahme von Mahlzeiten zu Zeiten erhöhter Melatoninwerte, also während der Nacht, die Glukosetoleranz beeinträchtigen [s63]. Ein konsistenter Mahlzeitenrhythmus, der mit unseren natürlichen zirkadianen Rhythmen harmoniert, wirkt sich positiv auf die metabolische Gesundheit aus [s63]. Das bedeutet konkret, dass die zeitliche Abstimmung der Nahrungsaufnahme einen Einfluss auf die Insulinempfindlichkeit und die Blutzuckerreaktion hat [s63]. Frühzeitige Mahlzeiten, ein frühes Frühstück und Abendessen, verbessern die Blutzuckerwerte und die Nährstoffverwertung. Spätes Essen hingegen wird mit Stoffwechselstörungen in Verbindung gebracht [s63]. Ideal ist es, innerhalb von zwei Stunden nach dem Aufwachen zu frühstücken, um die Stoffwechselregulation zu unterstützen [s63]. Wer das Frühstück auslässt, riskiert eine erhöhte Insulinresistenz und eine schlechtere Blutzuckerkontrolle [s63]. Die zeitliche Beschränkung der Nahrungsaufnahme auf die aktiven Phasen des Tages, die mit dem zirkadianen Rhythmus übereinstimmen, erweist sich als gesundheitsfördernd [s63]. In einem Programm zur antientzündlichen Ernährung, bei dem die Teilnehmer wöchentlich mit frischen, teils vorgeschnittenen Zutaten versorgt wurden und in Kochkursen zwei Mahlzeiten pro Tag zubereiteten, wurde die Bedeutung der Einhaltung der Diätvorgaben betont, um die gesundheitsfördernden Eigenschaften der Lebensmittel optimal zu nutzen [s64]. Die regelmäßigen Treffen boten zudem die Möglichkeit, Herausforderungen bei der Umsetzung des Ernährungsplans und der Zubereitung der Rezepte zu besprechen [s64].

Gut zu wissen

Insulinresistenz

Insulinresistenz liegt vor, wenn die Körperzellen nicht mehr ausreichend auf das Hormon Insulin reagieren, was zu erhöhten Blutzuckerwerten führt. Im Zusammenhang mit antientzündlicher Ernährung ist Insulinresistenz relevant, da sie Entzündungen im Körper fördern kann. Eine angepasste Mahlzeitenplanung mit Verzicht auf spätes Essen und regelmäßigem Frühstück kann dazu beitragen, die Insulinresistenz zu verbessern und somit Entzündungen zu reduzieren.

Zirkadianer Rhythmus

Der zirkadiane Rhythmus ist der natürliche, etwa 24-stündige Schlaf-Wach-Zyklus des Körpers. Bei der Planung von Mahlzeiten im Rahmen einer antientzündlichen Ernährung ist es wichtig, diesen Rhythmus zu berücksichtigen, um die Stoffwechselfunktionen zu optimieren und Entzündungen zu reduzieren. Indem Sie Ihre Mahlzeiten mit Ihrem zirkadianen Rhythmus synchronisieren, können Sie die Vorteile entzündungshemmender Lebensmittel maximieren.

Tägliche Energieverteilung für eine entzündungshemmende Ernährung

Energieverteilung über den Tag mit Fokus auf basische Lebensmittel.

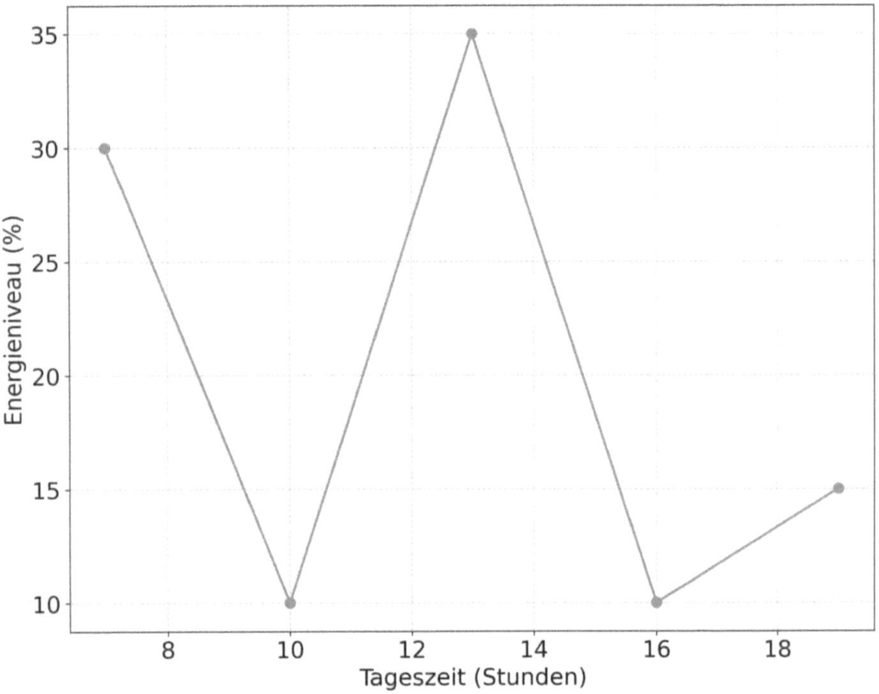

Das Diagramm visualisiert eine ideale Energieverteilung für eine entzündungshemmende, basische Ernährung. Beachten Sie die Betonung auf ein größeres Frühstück und Mittagessen, wobei das Abendessen die kleinste Mahlzeit ist. Dieses Muster unterstützt eine gesunde Verdauung und einen ausgeglichenen Hormonhaushalt, wichtige Prinzipien dieses Ernährungsansatzes. Die Zwischenmahlzeiten am Vor- und Nachmittag tragen dazu bei, ein stabiles Energieniveau aufrechtzuerhalten, Blutzuckerspitzen zu vermeiden und ein anhaltendes Sättigungsgefühl zu fördern.

Portionsgrößen

Kontrollierte Portionsgrößen tragen entscheidend zu einer erfolgreichen antientzündlichen Ernährung bei. Sie helfen nicht nur, das Gewicht zu regulieren und Stoffwechselprozesse zu optimieren, sondern unterstützen auch die Ausgewogenheit der Nährstoffzufuhr. Anstatt starre Vorgaben zu definieren, konzentrieren wir uns auf flexible Empfehlungen, die an individuelle Bedürfnisse angepasst werden können. Orientieren Sie sich an den Standardportionen aus der makrobiotischen Küche und anderen Ernährungsansätzen, um ein Gefühl für angemessene Mengen zu entwickeln [s65]. Beachten Sie dabei, dass diese Empfehlungen nicht geschlechtsspezifisch sind und der Kalorienbedarf bei Männern unter Umständen höher liegen kann [s65]. Eine gute Faustregel für die Zusammensetzung Ihrer Mahlzeiten ist der Fokus auf 1 bis 2 Portionen Obst und Gemüse pro Mahlzeit [s66]. Ergänzen Sie diese mit 1 bis 2 Portionen Vollkornprodukten und einer angemessenen Menge an ungesaettigten_fettsaeuren [s66]. Nüsse können täglich in 1 bis 2 Portionen genossen werden, während Hülsenfrüchte 1 bis 2 Mal pro Woche auf dem Speiseplan stehen sollten [s66]. Magerer Fisch, reich an Omega-3-Fettsäuren, sollte mit etwa 150 g pro Tag eingeplant werden [s67]. Da es schwierig ist, alle benötigten entzündungshemmenden Nährstoffe über ein einzelnes Lebensmittel aufzunehmen, ist eine abwechslungsreiche Kombination verschiedener Lebensmittelgruppen entscheidend [s67]. Für eine individuellere Anpassung der Portionsgrößen an den persönlichen Kalorienbedarf können Sie Ihre aktuellen Essgewohnheiten mit den empfohlenen Richtwerten abgleichen und so Ihre Ernährung optimieren [s68]. Unter anderem können Sie mithilfe von Ernährungstagebüchern oder Apps Ihre Nahrungsaufnahme dokumentieren und analysieren. So erhalten Sie einen Überblick über Ihre Essgewohnheiten und können Ihre Portionsgrößen gezielter anpassen.

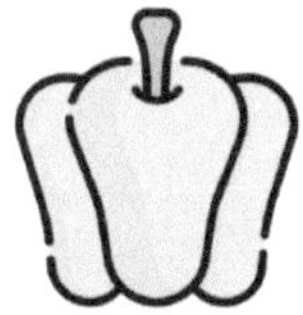

Makrobiotische Küche [i26]

Gut zu wissen

Ernährungstagebücher

Ernährungstagebücher helfen, die Nahrungsaufnahme zu dokumentieren und die Portionsgrößen im Rahmen einer antientzündlichen Ernährung zu kontrollieren und anzupassen.

Makrobiotische Küche

Die makrobiotische Küche ist ein Ernährungsansatz, der auf dem Prinzip des Gleichgewichts basiert und darauf abzielt, die Gesundheit durch die Auswahl und Zubereitung von Lebensmitteln zu fördern. Sie kann als Grundlage für die Planung antientzündlicher Mahlzeiten dienen.

Stoffwechselprozesse

Die Stoffwechselprozesse spielen eine wichtige Rolle bei der Verarbeitung von Nährstoffen und der Regulierung von Entzündungen im Körper. Eine antientzündliche Ernährung unterstützt einen gesunden Stoffwechsel.

Anti-entzündliche Portionsgrößen

Ideale Portionsverhältnisse für eine anti-entzündliche, basische Ernährung.

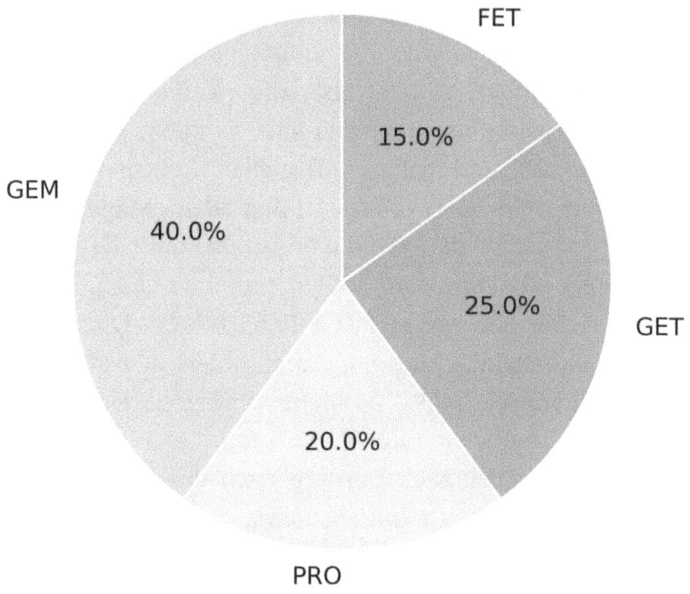

FET: Gesunde Fette

GET: Vollkornprodukte/stärkehaltiges Gemüse

GEM: Nicht-stärkehaltiges Gemüse

PRO: Mageres Protein (pflanzlich oder mageres tierisches)

Dieses Diagramm visualisiert optimale Portionsgrößen für eine anti-entzündliche Ernährung mit Schwerpunkt auf basenbildenden Lebensmitteln. Ein erheblicher Anteil entfällt auf nicht-stärkehaltiges Gemüse, das aufgrund seines hohen Gehalts an Mikronährstoffen und Ballaststoffen wichtig ist. Moderate Portionen Vollkornprodukte liefern komplexe Kohlenhydrate und nachhaltige Energie. Magere Proteinquellen tragen zur Sättigung und zum Muskelerhalt bei. Gesunde Fette sind essentiell für die Zellfunktion und die Hormonregulierung. Die Minimierung von verarbeiteten Lebensmitteln und Zucker hilft, Entzündungen zu reduzieren. Dieses Gleichgewicht zielt darauf ab, die allgemeine Gesundheit zu unterstützen und Entzündungen zu reduzieren, indem ein basisches Milieu im Körper gefördert wird.

Nährstoffkombinationen

Die richtige Kombination von Lebensmitteln innerhalb einer Mahlzeit kann die Nährstoffaufnahme und Verwertung im Körper deutlich beeinflussen und so die Effektivität einer antientzündlichen Ernährungsweise steigern. Ein wichtiger Aspekt ist die Reihenfolge, in der wir verschiedene Lebensmittelgruppen zu uns nehmen. Beginnen Sie Ihre Mahlzeit mit wasser- und ballaststoffreichen Lebensmitteln wie Salat oder gedünstetem Gemüse. Diese füllen den Magen, fördern die Sättigung und bereiten den Verdauungstrakt auf die nachfolgenden Speisen vor [s69]. Anschließend sollten proteinreiche Lebensmittel wie Fisch, Hülsenfrüchte oder mageres Geflügel folgen. Diese Kombination sorgt für eine anhaltende Sättigung und unterstützt den Aufbau und Erhalt von Muskelmasse [s69]. Kohlenhydratreiche Beilagen, wie Reis oder Kartoffeln, sollten zuletzt verzehrt werden. Durch diese Reihenfolge kann der Blutzuckeranstieg nach der Mahlzeit verlangsamt und die Insulinausschüttung reguliert werden [s69]. Ein weiterer Aspekt ist die geschickte Kombination einzelner Lebensmittel, um die bioverfuegbarkeit bestimmter Nährstoffe zu erhöhen. So verbessert die Kombination von eisenreichen Lebensmitteln mit Vitamin-C-haltigen Nahrungsmitteln die Eisenaufnahme. Ein Glas Orangensaft zum Spinatgericht kann die Eisenaufnahme aus dem Spinat deutlich steigern. Die Fermentation von Lebensmitteln, zum Beispiel durch das Einlegen von Gemüse, kann die Verdauung unterstützen und die Verfügbarkeit von Nährstoffen erhöhen [s70]. Fermentierte Lebensmittel enthalten nützliche Enzyme und probiotische Bakterien, die die Darmgesundheit fördern und so die Nährstoffaufnahme verbessern können [s70]. Auch die Wahl der Reissorte spielt eine Rolle: Unpolierter Reis mit intakter Schale liefert mehr Ballaststoffe und Mikronährstoffe als weißer Reis und kann in Kombination mit Proteinquellen den glykaemischen_index der Mahlzeit senken [s70]. So kann eine durchdachte Kombination von

Lebensmitteln nicht nur die Nährstoffaufnahme optimieren, sondern auch die Verdauung fördern und den Stoffwechsel positiv beeinflussen.

Gut zu wissen

Probiotische Bakterien

Sind lebende Mikroorganismen, die, wenn sie in ausreichender Menge aufgenommen werden, positive Auswirkungen auf die Gesundheit haben können, insbesondere auf die Darmgesundheit. Sie können Entzündungen im Darm reduzieren und das Immunsystem stärken, was zu einer verbesserten Nährstoffaufnahme beiträgt.

Synergistische Nährstoffkombinationen

Nährstoffkombinationen und ihre Auswirkungen auf Alkalität und Entzündungshemmung.

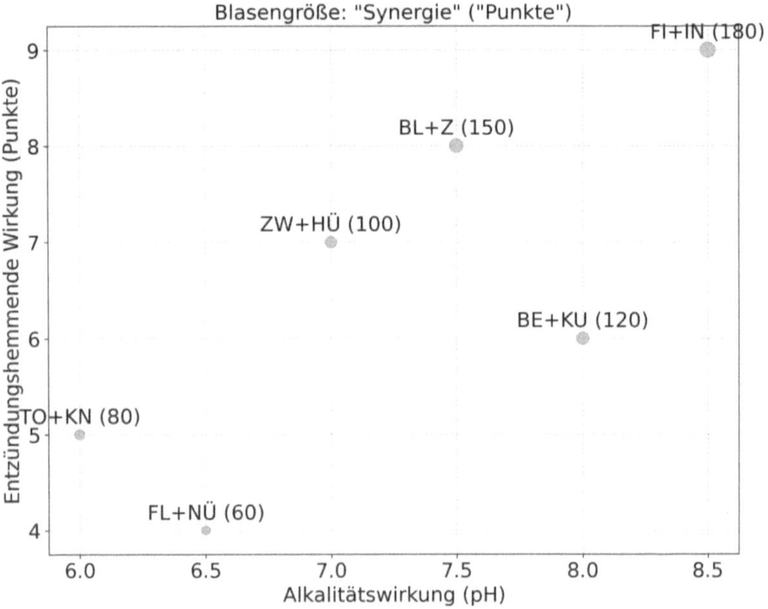

Blasengröße: Synergie (Punkte)

BE+KU: Beeren + Kurkuma

BL+Z: Blattgemüse + Zitrusfrüchte

FI+IN: Fisch + Ingwer

FL+NÜ: Fleisch + Nüsse

TO+KN: Tomaten + Knoblauch

ZW+HÜ: Zwiebeln + Hülsenfrüchte

Größer Blasen zeigen stärkere synergistische Effekte an, die zu einer stärker alkalischen und entzündungshemmenden Ernährung beitragen. Die Kombination von Blattgemüse mit Zitrusfrüchten bietet beispielsweise aufgrund der verbesserten Eisenaufnahme erhebliche Vorteile. Während einige Kombinationen Vorteile für die Alkalität bieten, können sie eine niedrigere Synergiepunktzahl in Bezug auf entzündungshemmende Eigenschaften aufweisen. Die Priorisierung von Kombinationen im oberen rechten Quadranten kann für diejenigen von Vorteil sein, die sowohl die Alkalität als auch die Entzündungshemmung maximieren möchten.

Konkrete Ratschläge

- Visualisieren Sie Ihre Mahlzeiten für die kommende Woche und notieren Sie die benötigten Zutaten, um Ihre Einkäufe zu optimieren und Lebensmittelabfälle zu vermeiden.
- Richten Sie sich einen festen Platz für Ihre Mahlzeitenplanung ein, beispielsweise eine Pinnwand oder ein digitales Dokument, um den Überblick zu behalten und Inspiration zu sammeln.
- Kochen Sie größere Mengen Ihrer Lieblingsgerichte vor und frieren Sie Portionen ein, um an stressigen Tagen schnell und gesund zu essen.
- Tauschen Sie sich mit Freunden oder Familie über Ihre Mahlzeitenplanung aus und lassen Sie sich von deren Ideen inspirieren, um Abwechslung in Ihre Küche zu bringen.
- Besuchen Sie Ihren lokalen Bauernmarkt und lassen Sie sich von den saisonalen Angeboten zu neuen, kreativen Gerichten anregen.
- Nutzen Sie die Schalen und Kerne von Obst und Gemüse, beispielsweise für die Zubereitung von Gemüsebrühe oder Pesto, um wertvolle Nährstoffe zu erhalten.
- Integrieren Sie Reste vom Vortag in neue Gerichte, beispielsweise als Füllung für Omeletts oder als Topping für Salate, um Lebensmittelverschwendung zu minimieren.
- Experimentieren Sie mit verschiedenen Garmethoden, um die Aromen und Nährstoffe Ihrer Lebensmittel optimal zur Geltung zu bringen.
- Belohnen Sie sich für Ihre erfolgreiche Mahlzeitenplanung mit einem besonderen, gesunden Gericht, um Ihre Motivation zu steigern.

3. 2 Zubereitungsmethoden

In der praktischen Umsetzung einer antientzündlichen, basischen Ernährung spielen Zubereitungsmethoden eine entscheidende Rolle. Sie beeinflussen Nährstoffgehalt, Bioverfügbarkeit und Geschmack der Lebensmittel maßgeblich. Unterschiedliche Verfahren, von schonendem Garen über Fermentieren bis hin zur Rohkostzubereitung, bieten jeweils spezifische Vor- und Nachteile, die für den Erfolg der Ernährungsweise relevant sind. Entdecken Sie, wie Sie durch die richtige Zubereitung das volle Potential antientzündlicher Lebensmittel ausschöpfen.

> *Für eine optimale Nährstoffaufnahme und Bekömmlichkeit sollte die Wahl der Zubereitungsmethode sowohl die individuellen Bedürfnisse als auch die Eigenschaften der Lebensmittel berücksichtigen, wobei schonende Verfahren wie Dämpfen, Fermentieren und kontrollierte Rohkostverarbeitung im Kontext einer antientzündlichen, basischen Ernährung besonders empfehlenswert sind.*

Schonende Garverfahren

Schonende Garverfahren erhalten Vitamine und sekundäre Pflanzenstoffe, die für eine antientzündliche Ernährung wichtig sind. Dämpfen und Mikrowellen gewährleisten eine höhere Retention von Vitamin C im Vergleich zu Kochen, da der Kontakt mit Wasser und die Temperatur reduziert werden [s71]. Beim Kochen gelangen wasserlösliche Vitamine ins Kochwasser und gehen verloren. Dampfgaren verursacht die geringsten Nährstoffverluste und erhält die Gehalte an totalen Glucosinolaten, während Kochen und Pfannenrühren zu hohen Verlusten führen [s72]. Um die Nährstoffwerte zu maximieren, sollte Gemüse daher vorzugsweise gedämpft werden. Auch die Garzeit beeinflusst den Nährstoffgehalt. Kurzes Blanchieren führt zwar zu Vitamin C Verlusten, erhält aber in einigen Fällen mehr Vitamin K als die Mikrowelle [s71]. Neben Vitaminen ist auch die bioverfuegbarkeit anderer Nährstoffe relevant. Kochen kann die Extraktion von β-Carotin verbessern, da die Zellwände aufgebrochen werden [s71]. Auch der Geschmack profitiert von schonenden Verfahren. Dampfgaren bewahrt Umami-Substanzen und reduziert Aromaverlust. Kochen und Schmoren intensivieren Aromen durch die Zugabe von Brühe und Gewürzen [s73]. Die Maillard-Reaktion und die Lipidoxidation beeinflussen die Aromabildung, wobei Temperatur und Zeit die Intensität und Bildung unerwünschter Verbindungen steuern [s73]. Sous-vide, das Garen in Vakuumbeuteln bei niedrigen Temperaturen, minimiert die Lipidoxidation, erhält Nährstoffe und verbessert Geschmack und Textur [s74]. Gemüse sollte dabei nahe 100 °C gegart werden, um pathogene Bakterien abzutöten [s74]. Im Vergleich zu anderen Methoden verliert Gemüse durch Sous-vide weniger Gewicht und Nährstoffe, da Aromen nicht ins Kochwasser entweichen [s74]. Sous-vide bewahrt Farbe, Textur und Nährstoffe von Gemüse besser als traditionelle Methoden und minimiert den Verlust hitzeempfindlicher Vitamine und Mineralien [s75]. Ein Gericht mit gedämpftem Brokkoli,

der mit etwas Olivenöl und Gewürzen verfeinert wird, erhält so nicht nur wertvolle Inhaltsstoffe, sondern bietet auch intensiven Geschmack.

Blanchieren [i27]

Gut zu wissen

Blanchieren

Das kurzzeitige Eintauchen von Lebensmitteln in kochendes Wasser, gefolgt von einem Abschrecken in Eiswasser. Diese Methode kann die Farbe und einige Nährstoffe erhalten und gleichzeitig Enzyme deaktivieren, die den Nährstoffabbau beschleunigen. Blanchieren kann ein nützlicher Schritt in der antientzündlichen Ernährung sein, um die Nährstoffdichte zu optimieren.

Glucosinolate

Schwefelhaltige Verbindungen, die in Kreuzblütlern wie Brokkoli, Blumenkohl und Kohl vorkommen und entzündungshemmende Eigenschaften haben können. Schonende Zubereitung erhält diese wertvollen Stoffe.

Lipidoxidation

Die chemische Reaktion von Fetten mit Sauerstoff, die zu Ranzigkeit und der Bildung schädlicher Verbindungen führen kann. Schonende Zubereitungsmethoden minimieren die Lipidoxidation und schützen so vor Entzündungen.

Maillard-Reaktion

Eine chemische Reaktion zwischen Aminosäuren und Zuckern beim Erhitzen, die für die Bräunung und das Aroma von Lebensmitteln verantwortlich ist. Bei der antientzündlichen Ernährung ist es wichtig, die Maillard-Reaktion zu kontrollieren, um die Bildung schädlicher Stoffe zu minimieren.

Nährstoffrückhalt bei Garmethoden

Vergleich des Nährstoffrückhalts verschiedener Garmethoden im Zusammenhang mit einer entzündungshemmenden, basischen Ernährung.

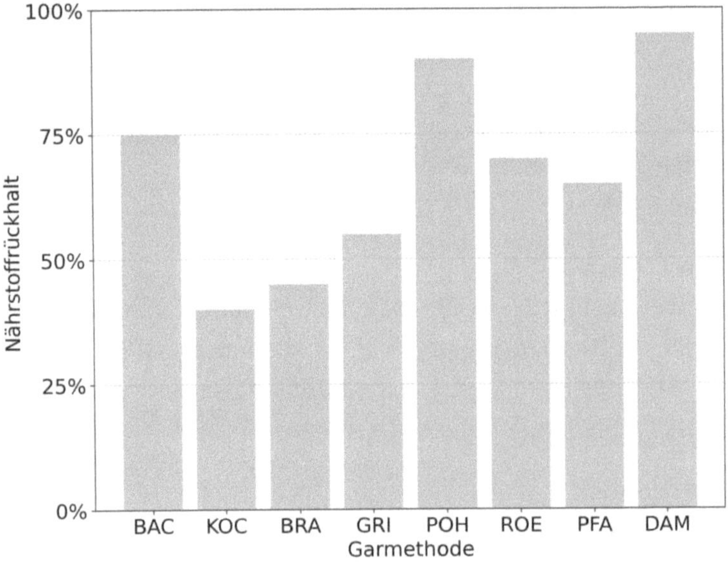

BAC: Backen
DAM: Dämpfen
KOC: Kochen
POH: Pochieren
BRA: Braten
GRI: Grillen
PFA: Pfannenrühren
ROE: Rösten

Dämpfen und Pochieren zeichnen sich durch die Erhaltung von Nährstoffen aus und sind daher ideal für eine entzündungshemmende Ernährung. Kochen kann zwar praktisch sein, führt aber zu erheblichen Nährstoffverlusten, insbesondere bei wasserlöslichen Vitaminen und Mineralstoffen. Backen und Rösten bieten einen Mittelweg und erhalten mehr Nährstoffe als Kochen, aber weniger als schonendere Methoden. Die hohe Hitze beim Grillen und Braten erzeugt zwar wünschenswerte Aromen, geht aber zu Lasten des Nährstoffabbaus. Daher kann die Priorisierung von Dämpfen, Pochieren und Backen/Rösten die Nährstoffaufnahme maximieren, um optimale gesundheitliche Vorteile bei einer basischen Ernährung zu erzielen.

Fermentationstechniken

Fermentation als Zubereitungsmethode bietet einzigartige Möglichkeiten, die Haltbarkeit von Lebensmitteln zu verlängern und gleichzeitig ihre gesundheitlichen Vorteile zu steigern. Diese Technik, die bereits seit Jahrtausenden praktiziert wird, nutzt natürliche Mikroorganismen, um Lebensmittel zu transformieren und ihnen neue Eigenschaften zu verleihen [s76]. Dabei werden nicht nur unerwünschte Mikroben unterdrückt und die Lebensmittel haltbar gemacht, sondern auch der Nährwert und die Bekömmlichkeit verbessert [s77]. Milchsäurebakterien (LAB) spielen eine zentrale Rolle bei der Fermentation pflanzlicher Lebensmittel, indem sie Zucker in Milchsäure umwandeln [s77]. Dieser Prozess senkt den pH-Wert und schafft ein Milieu, das das Wachstum schädlicher Bakterien hemmt. Gleichzeitig entstehen durch die Fermentation neue Aromen, Texturen und gesundheitsfördernde Substanzen. So kann z.B. aus Sojabohnen durch Fermentation eine Vielzahl von Produkten wie Miso, Tempeh oder Natto hergestellt werden, die reich an Proteinen, Vitaminen und probiotischen Bakterien sind [s76]. Die Fermentation kann auch die bioverfuegbarkeit bestimmter Nährstoffe erhöhen. Fermentiertes Gemüse enthält beispielsweise oft höhere Mengen an antioxidantien und bioaktiven Verbindungen, die entzündungshemmende Wirkungen haben können [s77]. Die gesundheitsfördernden Effekte von

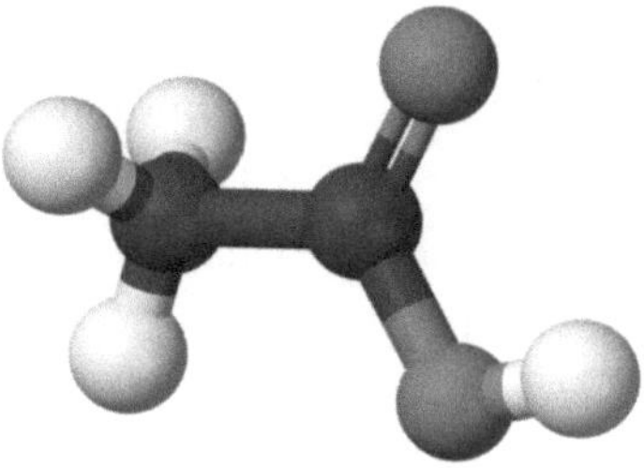

SCFAs [i28]

Tempeh [i29]

fermentierten Lebensmitteln erstrecken sich auch auf die Darmgesundheit. Fermentierte Beeren etwa können die Darmflora positiv beeinflussen und die Produktion von kurzkettigen Fettsäuren (SCFAs) anregen, die eine wichtige Rolle für die Darmgesundheit und das Immunsystem spielen [s77]. Durch die gezielte Auswahl der Zutaten und Fermentationsbedingungen lassen sich Lebensmittel mit spezifischen gesundheitlichen Vorteilen herstellen.

pH-Wert Veränderung während der Fermentation

pH-Wert Abnahme während der Sauerkrautfermentation

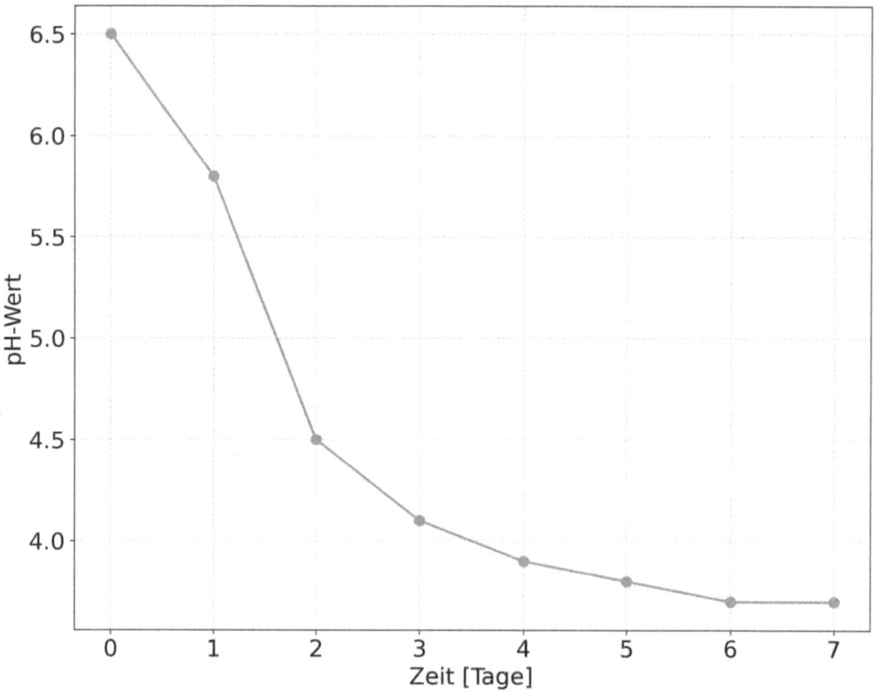

Das Diagramm veranschaulicht eine typische pH-Wert-Entwicklung während der Sauerkrautfermentation. Der anfängliche Abfall repräsentiert die schnelle Aktivität der Milchsäurebakterien, wodurch eine saure Umgebung entsteht, die unerwünschte Mikroorganismen hemmt. Das darauffolgende Plateau deutet auf eine stabile Fermentationsphase hin, in der der pH-Wert relativ konstant bleibt, während der restliche Zucker verbraucht wird. Dieser niedrige pH-Wert trägt zur Konservierung und dem charakteristischen sauren Geschmack bei.

Rohkostverarbeitung

Rohkostverarbeitung bietet die Möglichkeit, Lebensmittel in ihrem natürlichen Zustand zu genießen und so potenziell empfindliche Nährstoffe zu erhalten. Vitamine, Mineralstoffe und sekundaere_pflanzenstoffe bleiben weitestgehend unbeeinträchtigt, da sie keiner Hitzeeinwirkung ausgesetzt sind. Besonders hitzeempfindliche Vitamine wie Vitamin C bleiben bei der Rohkostzubereitung erhalten, während sie beim Kochen teilweise ins Kochwasser übergehen und verloren gehen können. Auch Enzyme, die in rohen Lebensmitteln vorkommen und die Verdauung unterstützen können, bleiben aktiv. Ein Salat aus verschiedenen rohen Gemüsesorten wie Paprika, Karotten und Spinat, kombiniert mit einem Dressing aus Olivenöl und Zitronensaft, liefert eine Vielzahl an Vitaminen, Mineralstoffen und sekundären Pflanzenstoffen. Die Rohkostverarbeitung umfasst verschiedene Techniken, die über das einfache Waschen und Schneiden hinausgehen. Das Einweichen von Nüssen und Samen kann deren Verdaulichkeit verbessern und die Aufnahme von Nährstoffen erleichtern. Auch das Marinieren von Gemüse in Zitronensaft oder Essig, wie in Quelle für die Reduktion von dAGEs in Fleisch beschrieben, kann nicht nur den Geschmack bereichern, sondern auch die bioverfuegbarkeit bestimmter Nährstoffe erhöhen. Durch die Säure

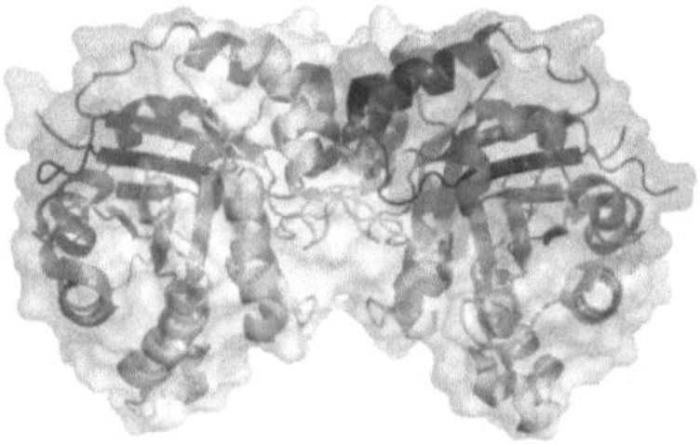

Enzyme [i30]

Kimchi [i31]

werden Zellwände teilweise aufgeschlossen, was die Freisetzung von Vitaminen und Mineralstoffen begünstigen kann. Beim Zerkleinern von Gemüse, beispielsweise durch Hobeln oder Raspeln, wird die Oberfläche vergrößert, was die Aufnahme der Nährstoffe im Darmtrakt erleichtern kann. Fermentieren zählt zwar nicht zur klassischen Rohkostverarbeitung, ergänzt diese aber ideal, da es ebenfalls ohne Hitzeeinwirkung auskommt. Dabei werden Lebensmittel durch die Aktivität von Mikroorganismen, wie Milchsäurebakterien, umgewandelt. Das Ergebnis sind fermentierte Produkte wie Sauerkraut oder Kimchi, die reich an probiotischen Bakterien sind und die Darmgesundheit fördern können. Trotz der zahlreichen Vorteile birgt der Verzehr von Rohkost auch gewisse Risiken. So können auf rohen Lebensmitteln Krankheitserreger wie Bakterien, Viren oder Parasiten vorhanden sein. Gründliches Waschen ist daher unerlässlich. Bei empfindlichen Personen, insbesondere bei Kindern, Schwangeren oder Menschen mit einem geschwächten Immunsystem, sollte der Verzehr bestimmter Rohkostprodukte, wie rohes Fleisch oder rohe Eier, vermieden werden. Auch die Verträglichkeit von Rohkost kann individuell unterschiedlich sein. Manche Menschen reagieren empfindlich auf bestimmte Rohkostprodukte, wie beispielsweise Kohlgemüse und können Verdauungsbeschwerden entwickeln. Eine schrittweise Einführung von Rohkost in den Speiseplan und das Achten auf die eigene Verträglichkeit sind daher ratsam.

Sauerkraut [i32]

Gut zu wissen

Fermentieren

Fermentieren ist eine Methode zur Konservierung von Lebensmitteln, bei der Mikroorganismen, wie Bakterien oder Hefen, die Lebensmittel umwandeln. Fermentierte Lebensmittel enthalten Probiotika, die die Darmgesundheit fördern und so Entzündungen reduzieren können.

Probiotika

Probiotika sind lebende Mikroorganismen, die die Darmflora positiv beeinflussen und das Immunsystem stärken können. Ein gesunder Darm ist wichtig für die Bekämpfung von Entzündungen im Körper.

Methoden der Rohkostverarbeitung (entzündungshemmende/alkalische Ernährung)

Verteilung der Rohkostverarbeitungsmethoden in einer entzündungshemmenden/alkalischen Ernährung.

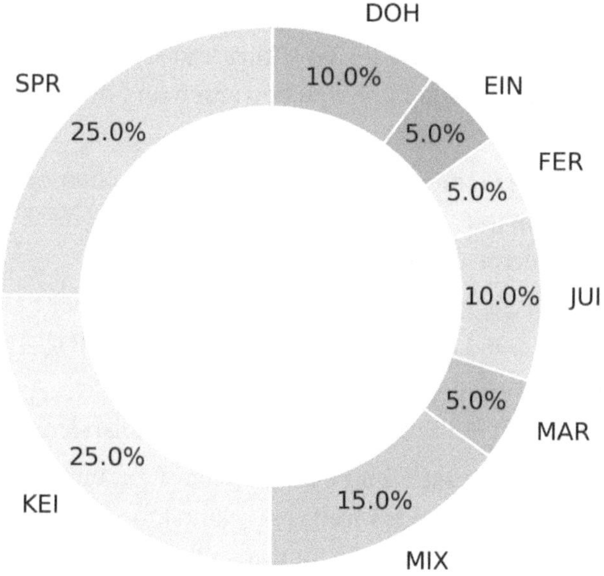

DOH: Dörren

EIN: Einweichen

FER: Fermentieren

HAK: Hacken/Schneiden

JUI: Entsaften

KEI: Keimen

MAR: Marinieren

MIX: Mixen

Einweichen und Keimen sind die häufigsten Zubereitungsmethoden, was ihre Bedeutung für die Reduzierung von Antinährstoffen und die Verbesserung der Verdaulichkeit unterstreicht. Mixen, Entsaften und Dörren bieten praktische Möglichkeiten, Rohkost zu konsumieren und gleichzeitig Nährstoffe zu erhalten. Fermentieren fügt nützliche Probiotika hinzu, die die Darmgesundheit verbessern, während Marinieren Geschmack verleiht und bestimmte Lebensmittel zart machen kann. Minimal verarbeitete Optionen wie Hacken und Schneiden bewahren die natürliche Integrität der Zutaten.

Konkrete Ratschläge

- Verwenden Sie für ein schonendes Garen einen Dampfgaraufsatz im Kochtopf, um Vitamine und Mineralstoffe zu erhalten.
- Experimentieren Sie mit dem Sous-Vide-Garen von Gemüse im Wasserbad bei niedrigen Temperaturen für intensive Aromen und zarte Texturen.
- Garen Sie Ihr Gemüse im Wok kurz und knackig unter ständigem Rühren, um die Nährstoffe zu bewahren und den Geschmack zu intensivieren.
- Wickeln Sie Gemüse und Fisch in Bananenblätter oder Pergamentpapier und dämpfen oder backen Sie diese Päckchen für ein besonderes Aroma.
- Entdecken Sie die Zubereitung von Gemüse in der Salzkruste, um ein saftiges und aromatisches Ergebnis zu erzielen.
- Rösten Sie Wurzelgemüse im Ofen mit etwas Meersalz und Kräutern, um die Süße des Gemüses zu intensivieren.
- Bereiten Sie Gemüse im Schnellkochtopf zu, um die Garzeit zu verkürzen und dennoch wertvolle Nährstoffe zu erhalten.
- Verwenden Sie für Salate und Rohkost eine Küchenmaschine mit verschiedenen Aufsätzen, um spielerisch neue Formen und Texturen zu kreieren.
- Pressen Sie Säfte aus Obst und Gemüse, um eine konzentrierte Dosis an Vitaminen und Mineralstoffen zu erhalten.
- Bereiten Sie selbstgemachte Gemüsebrühe zu und frieren Sie diese portionsweise ein, um jederzeit eine Basis für Suppen und Soßen zur Hand zu haben.
- Fermentieren Sie Gemüse selbst, indem Sie es mit Salz und Gewürzen in einem Glas ansetzen und so die Darmflora unterstützen.

3. 3 Vorratshaltung

Eine durchdachte Vorratshaltung ist zentral für die praktische Umsetzung der antientzündlichen, basischen Ernährung. Sie ermöglicht die ganzjährige Verfügbarkeit hochwertiger Lebensmittel und ergänzt die saisonale Einkaufsplanung. Dabei stellen sich diverse Herausforderungen: Wie lassen sich saisonale Lebensmittel optimal konservieren, um Nährstoffe zu erhalten und Lebensmittelverschwendung zu minimieren? Welche Lagerungstechniken gewährleisten die Qualität empfindlicher Öle, Nüsse oder Gemüse? Die Wahl der richtigen Konservierungs- und Lagerungsmethoden beeinflusst den Geschmack, die Nährstoffdichte und die Haltbarkeit Ihrer Lebensmittel maßgeblich. Entdecken Sie im Folgenden, wie Sie mit einfachen Strategien einen beständigen Vorrat an gesunden Lebensmitteln für Ihre antientzündliche Ernährung aufbauen.

Saisonale Lebensmittel clever haltbar machen, um ganzjährig von ihren gesundheitlichen Vorteilen und der nährstoffreichen, antientzündlichen Wirkung zu profitieren und gleichzeitig Lebensmittelverschwendung zu reduzieren.

Saisonale Einkaufsplanung

Wurzelgemüse [i34]

Saisonale Einkaufsplanung hilft, die Vorteile frischer, lokaler Produkte optimal zu nutzen und gleichzeitig die Prinzipien einer antientzündlichen Ernährung zu berücksichtigen. Der Fokus auf saisonale Lebensmittel sichert die Versorgung mit Vitaminen und Mineralstoffen in ihrer natürlich höchsten Konzentration, da Obst und Gemüse zum optimalen Reifezeitpunkt geerntet werden können [s78]. Im Sommer bieten etwa Beeren und Steinobst eine Fülle an antioxidantien, während im Herbst Kürbis und Wurzelgemüse reich an Beta-Carotin sind. Durch den saisonalen Einkauf unterstützt man zudem regionale Landwirte und verkürzt Transportwege, was die Umweltbelastung reduziert.

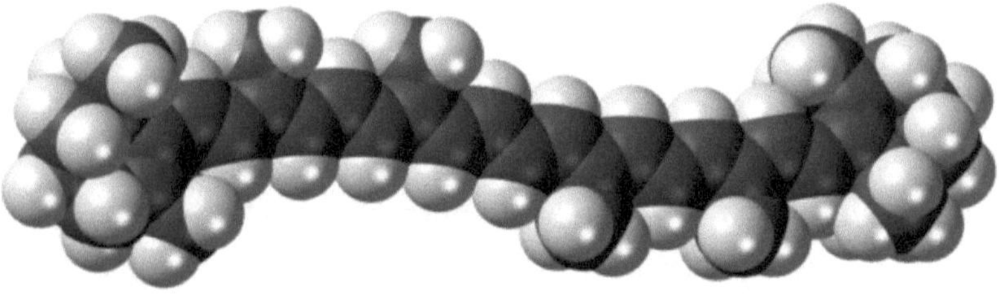

Beta-Carotin [i33]

Die Anpassung der Ernährung an die Jahreszeiten ermöglicht auch eine abwechslungsreiche und ausgewogene Nährstoffzufuhr [s79]. Im Winter stehen beispielsweise Kohlsorten und Zitrusfrüchte im Vordergrund, die das Immunsystem stärken und den Körper mit Vitamin C versorgen. Im Frühling liefern dann grünes Blattgemüse und Spargel wichtige Nährstoffe für die Regeneration nach dem Winter. Diese natürliche Vielfalt anbietet die Möglichkeit, den Speiseplan an die jahreszeitlich bedingten Bedürfnisse des Körpers anzupassen [s80]. So kann etwa im Winter der Bedarf an wärmenden und sättigenden Gerichten durch den vermehrten Verzehr von Wurzelgemüse und Hülsenfrüchten gedeckt werden, während im Sommer leichte Salate und erfrischendes Obst im Vordergrund stehen. Eine durchdachte Vorratshaltung ergänzt die saisonale Einkaufsplanung. So können saisonale Lebensmittel durch Einkochen, Einfrieren oder Trocknen haltbar gemacht werden, um auch außerhalb der Saison von ihren Vorzügen zu profitieren. Das Einfrieren von Beeren im Sommer ermöglicht etwa deren Verwendung in Smoothies oder Desserts im Winter. Ähnlich kann das Einkochen von Tomaten zu Soßen oder das Trocknen von Kräutern die saisonalen Aromen über das ganze Jahr hinweg verfügbar machen. Durch die Kombination aus saisonalem Einkauf und geschickter Vorratshaltung lässt sich eine kontinuierliche Versorgung mit nährstoffreichen, antientzündlich wirkenden Lebensmitteln gewährleisten [s81]. Auf diese Weise wird nicht nur die Gesundheit gefördert, sondern auch die Lebensmittelverschwendung reduziert und ein nachhaltiger Lebensstil unterstützt.

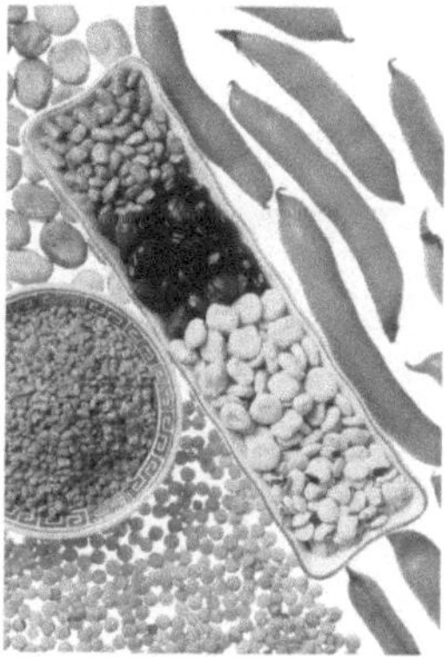

Hülsenfrüchte [i35]

Saisonale Verfügbarkeit basischer Lebensmittel

Saisonale Verfügbarkeit wichtiger entzündungshemmender Lebensmittel.

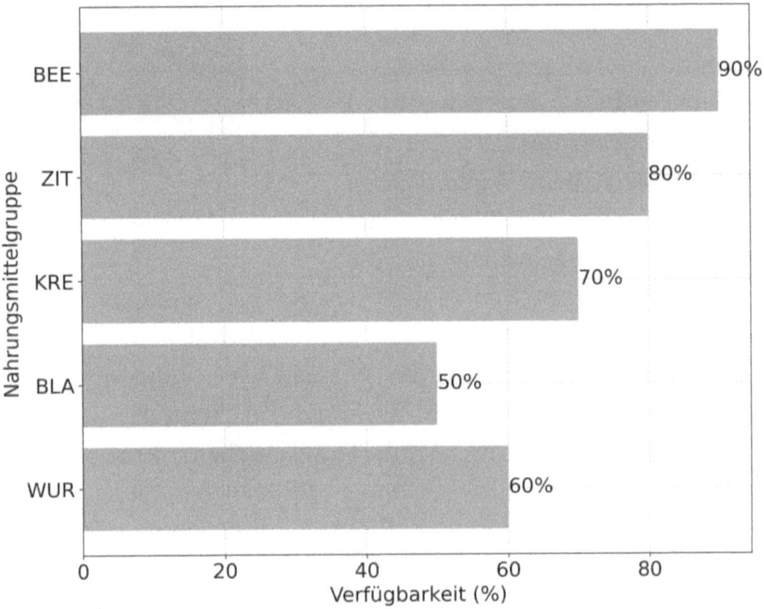

BEE: Beeren

KRE: Kreuzblütler

ZIT: Zitrusfrüchte

BLA: Blattgemüse

WUR: Wurzelgemüse

Das Diagramm zeigt die unterschiedliche Verfügbarkeit von basenbildenden Produkten im Laufe des Jahres. Blattgemüse ist im Frühling und Sommer reichlich vorhanden, was einen erhöhten Konsum in diesen Jahreszeiten ermöglicht. Wurzelgemüse bietet eine anhaltende Verfügbarkeit im Herbst und Winter und stellt so auch in den kälteren Monaten eine konstante Quelle für basische Lebensmittel sicher. Die Planung von Mahlzeiten rund um saisonale Produkte maximiert die Nährstoffdichte und unterstützt eine entzündungshemmende Ernährung.

Haltbarmachung

Haltbarmachung erweitert die Verfügbarkeit saisonaler Lebensmittel weit über deren Erntezeit hinaus und trägt so zu einer ganzjährigen, abwechslungsreichen Ernährung bei. Durch verschiedene Verfahren lassen sich Vitamine und Mineralstoffe konservieren, sodass auch in den Wintermonaten von der Fülle des Sommers profitiert werden kann. Neben den klassischen Methoden des Einfrierens, Einkochens und Trocknens bieten sich weitere Techniken, um Lebensmittel zu konservieren. Das Einlegen in Öl oder Essig, zum Beispiel von Paprika oder Zwiebeln, erhält nicht nur deren Geschmack, sondern auch wertvolle Nährstoffe. fermentieren, ein Prozess, bei dem Mikroorganismen Lebensmittel wie Sauerkraut oder Kimchi umwandeln, erzeugt zudem gesundheitsfördernde Probiotika. Historisch wurden Methoden wie Salzen und Trocknen verwendet, um Lebensmittel haltbar zu machen [s82]. Auch moderne Verfahren, darunter die thermische Behandlung und das Einfrieren, tragen dazu bei, die Haltbarkeit von Lebensmitteln deutlich zu verlängern [s82]. Die richtige Lagerung spielt ebenfalls eine entscheidende Rolle: Trockenvorräte wie Getreide, Hülsenfrüchte und Nüsse sollten kühl, dunkel und trocken aufbewahrt werden, um Schimmelbildung und Nährstoffverlust zu vermeiden. Ein gut

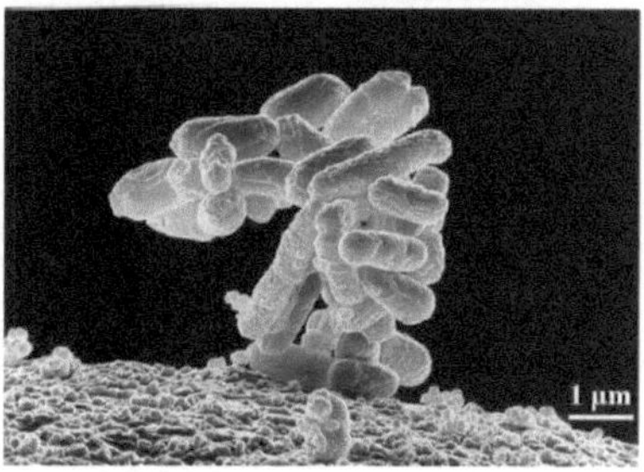

Mikroorganismen [i36]

Trocknen [i37]

organisierter Vorratsschrank, in dem Lebensmittel übersichtlich und nach Verfallsdatum sortiert sind, erleichtert die Kontrolle und minimiert Lebensmittelverschwendung. So wird die eigene antientzündliche Ernährung nachhaltig unterstützt und die Versorgung mit wichtigen Nährstoffen sichergestellt.

Einmachen [i38]

Gut zu wissen

Konservieren

Verschiedene Methoden des Konservierens, wie Einfrieren, Einkochen oder Trocknen, helfen dabei, entzündungshemmende Nährstoffe in Lebensmitteln über einen längeren Zeitraum zu erhalten und so die ganzjährige Verfügbarkeit zu gewährleisten.

Probiotika

Probiotika sind lebende Mikroorganismen, die, wenn sie in ausreichender Menge aufgenommen werden, positive Auswirkungen auf die Gesundheit haben können, insbesondere auf die Darmflora. Ein gesunder Darm ist wichtig für ein starkes Immunsystem und kann dazu beitragen, chronische Entzündungen zu reduzieren.

Konservierungsmethoden für eine entzündungshemmende Ernährung

Verteilung der Lebensmittelkonservierungsmethoden für eine entzündungshemmende, basische Ernährung.

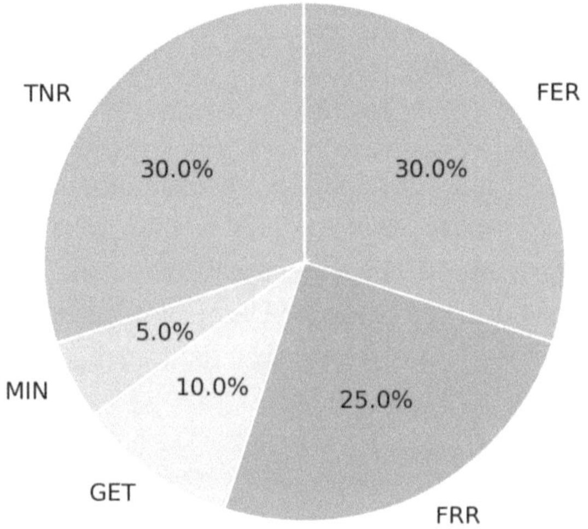

FER: Fermentation (z. B. Sauerkraut, Kimchi)

FRR: Einfrieren (z. B. Beeren, Gemüse)

GET: Getrocknet (z. B. Kräuter, Früchte)

MIN: Minimale Verarbeitung (Frischverzehr)

TNR: Kühlung (Frischprodukte)

Dieses Diagramm zeigt die empfohlene Verteilung der Konservierungsmethoden für eine entzündungshemmende Ernährung mit Schwerpunkt auf basenbildenden Lebensmitteln. Fermentation, eine Schlüsselmethode, trägt zur Förderung nützlicher Bakterien bei und erhält gleichzeitig Nährstoffe. Einfrieren bietet eine bequeme Langzeitlagerung mit minimalem Nährstoffverlust. Kühlung ist entscheidend für die kurzfristige Lagerung von Frischprodukten. Trocknen eignet sich für bestimmte Lebensmittel und trägt zur Abwechslung in der Ernährung bei. Minimale Verarbeitung unterstreicht die Bedeutung des Verzehrs von frischen, vollwertigen Lebensmitteln, wann immer dies möglich ist.

Lagerungstechniken

Optimale Lagerung erhält die Qualität antientzündlicher Lebensmittel und maximiert so deren gesundheitlichen Nutzen. Unterschiedliche Lebensmittel benötigen unterschiedliche Bedingungen, um ihre Frische und ihren Nährstoffgehalt zu bewahren. Kühl und dunkel gelagert werden sollten beispielsweise Öle, die reich an Omega-3-Fettsäuren sind, um Oxidation und Ranzigwerden zu verhindern. Auch Nüsse und Samen, wichtige Lieferanten von antioxidantien und Mineralstoffen, profitieren von kühlen, dunklen und trockenen Bedingungen. So bleibt ihre empfindliche Fettstruktur erhalten und der Nährstoffgehalt optimal geschützt. Gemüse, insbesondere Blattgemüse, behält seine Vitamine und seine knackige Textur am besten in einem feuchten Umfeld, etwa in einer speziellen Schublade im Kühlschrank oder in einem leicht feuchten Tuch gewickelt. Einige Obstsorten, wie Äpfel und Bananen, reifen bei Zimmertemperatur nach, sollten aber separat von anderen Früchten gelagert werden, da sie Ethylen abgeben, ein Reifegas, das den Verderb anderer Früchte beschleunigen kann. Ähnlich verhält es sich mit Zwiebeln und Kartoffeln: Diese sollten getrennt voneinander und an einem kühlen, dunklen Ort aufbewahrt werden. Durch die Beachtung dieser spezifischen Lagerungsbedürfnisse lässt sich die Haltbarkeit der Lebensmittel verlängern und ihre wertvollen Inhaltsstoffe bleiben erhalten. Neben der richtigen Temperatur und Luftfeuchtigkeit spielt auch die Wahl des Lagerbehältnisses eine Rolle. Glasbehälter sind ideal für die Aufbewahrung von Trockenwaren, da sie luftdicht verschlossen werden können und keine unerwünschten Aromen übertragen. Für die Lagerung im Kühlschrank eignen sich wiederverwendbare Behälter aus Glas oder Kunststoff. Diese schützen die Lebensmittel vor Austrocknung und verhindern, dass sie Gerüche aus dem Kühlschrank annehmen. So können Sie sicherstellen, dass Ihre antientzündlichen Lebensmittel ihre volle Wirkung entfalten und zu

Ihrem Wohlbefinden beitragen. Während die Standardpraxis bei der Lagerung von Thrombozyten Raumtemperatur vorsieht, um die zirkulierende Zeit zu optimieren, kann die kalte Lagerung bei 4°C, trotz anfänglicher Bedenken, hämostatisch effektiver sein [s83].

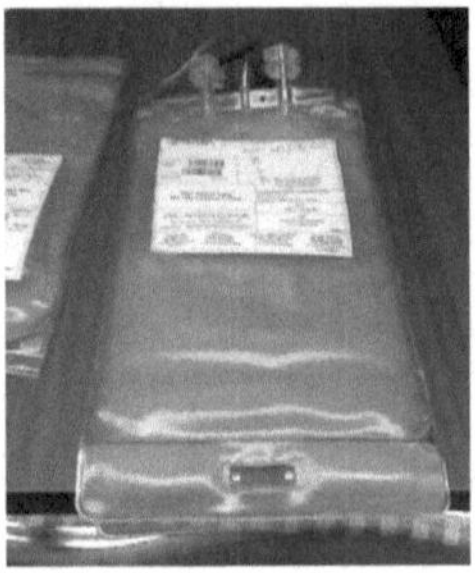

Thrombozyten [i39]

Gut zu wissen

Oxidation

Oxidation von Lebensmitteln, insbesondere von Ölen mit hohem Anteil an ungesättigten Fettsäuren, kann zu unerwünschten Geschmacksveränderungen und zum Verlust wertvoller Nährstoffe führen. Eine kühle und dunkle Lagerung schützt vor Oxidation und erhält die entzündungshemmenden Eigenschaften der Lebensmittel.

Hämostatisch

Hämostatisch bezieht sich auf die Fähigkeit, Blutungen zu stillen. Die Lagerung von Thrombozyten bei 4°C kann ihre hämostatische Wirkung verbessern, was für die Behandlung von Entzündungen und Verletzungen von Bedeutung sein kann.

Ranzigwerden

Ranzigwerden ist eine Form der Oxidation, die bei fettreichen Lebensmitteln auftritt und zu einem unangenehmen Geruch und Geschmack führt. Die richtigen Lagerbedingungen, wie kühle Temperaturen und luftdichte Behälter, verhindern das Ranzigwerden und erhalten die Qualität der Lebensmittel für eine antientzündliche Ernährung.

Thrombozyten

Thrombozyten spielen eine wichtige Rolle bei der Blutgerinnung. Obwohl sie üblicherweise bei Raumtemperatur gelagert werden, deuten Studien darauf hin, dass eine kalte Lagerung die hämostatische Wirksamkeit verbessern kann, was für Personen mit entzündungsbedingten Blutgerinnungsstörungen relevant sein könnte.

Haltbarkeit von entzündungshemmenden Lebensmitteln

Auswirkungen der Lagerung auf die Langlebigkeit basischer Lebensmittel

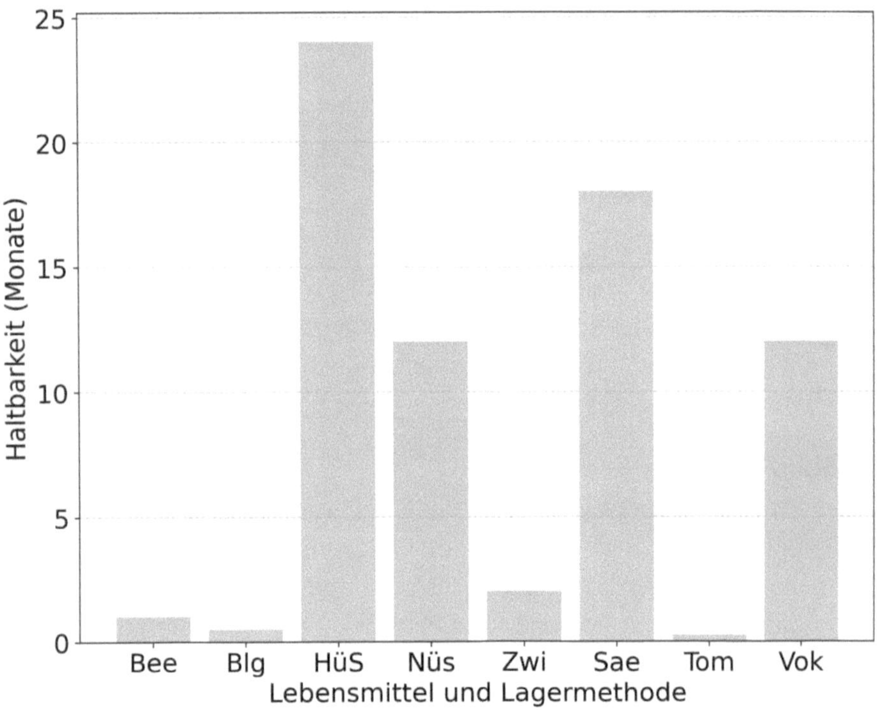

Bee: Beeren (gekühlt)

Blg: Blattgemüse (gekühlt)

HüS: Hülsenfrüchte (getrocknet)

Nüs: Nüsse (gefroren)

Sae: Samen (gefroren)

Tom: Tomaten (Zimmertemperatur)

Vok: Vollkornprodukte (gefroren)

Zwi: Zwiebeln (Vorratskammer)

Die richtige Lagerung verlängert die Haltbarkeit vieler basisch fördernder Lebensmittel erheblich. Frische Produkte profitieren deutlich von der Kühlung, während Trockenwaren und Tiefkühlprodukte viel länger haltbar sind. Die Wahl der richtigen Lagermethode hilft, Abfall zu minimieren und den Nährstoffgehalt für eine gesunde, entzündungshemmende Ernährung zu maximieren.

Konkrete Ratschläge

- Richten Sie sich einen „Saisonkalender“ ein, der Ihnen den idealen Erntezeitpunkt regionaler Lebensmittel anzeigt.
- Besuchen Sie regelmäßig Bauernmärkte und Hofläden, um die Vielfalt saisonaler Produkte kennenzulernen und direkt vom Erzeuger zu beziehen.
- Trocknen Sie überschüssige Kräuter und Gewürze aus dem Garten oder Balkon und bewahren Sie diese in luftdichten Gläsern auf.
- Frieren Sie portionsweise pürierte Suppen oder Soßen aus saisonalem Gemüse ein, um schnell eine gesunde Mahlzeit zubereiten zu können.
- Legen Sie Obst und Gemüse, wie Beeren oder Paprika, in hochwertigem Öl oder Essig ein, um sie haltbar zu machen und neue Geschmacksrichtungen zu entdecken.
- Experimentieren Sie mit dem Fermentieren von Gemüse: Starten Sie mit kleinen Mengen Sauerkraut oder Kimchi und erweitern Sie Ihr Repertoire nach und nach.
- Lagern Sie Nüsse und Samen im Gefrierschrank, um ihre Haltbarkeit zu verlängern und das Ranzigwerden zu verhindern.
- Besorgen Sie sich luftdichte Behälter in verschiedenen Größen, um Ihre Vorräte optimal und übersichtlich zu verstauen.
- Beschriften Sie alle Vorratsbehälter mit Inhalt und Datum, um die Übersicht zu behalten und Lebensmittelverschwendung zu vermeiden.
- Rotieren Sie Ihre Vorräte nach dem FIFO-Prinzip („First In, First Out“): Verbrauchen Sie zuerst die Lebensmittel, die am längsten gelagert werden.

Rückblick - 3. Praktische Umsetzung der heilenden Küche

Die Umsetzung einer heilenden, antientzündlichen und basischen Küche mag zunächst komplex erscheinen, doch mit einem strukturierten Ansatz und den richtigen Werkzeugen lässt sie sich gut in den Alltag integrieren. Der erste Schritt liegt in der bewussten Planung. Richten Sie Ihre Mahlzeiten nach Ihrem natürlichen Tagesrhythmus aus, indem Sie innerhalb von zwei Stunden nach dem Aufwachen frühstücken und spätes Essen vermeiden. Dies unterstützt Ihre Stoffwechselregulation und wirkt sich positiv auf Ihre Insulinempfindlichkeit aus. Überlegen Sie sich im Voraus, welche Lebensmittel Sie einkaufen und zubereiten möchten. Saisonale Produkte bieten nicht nur den Vorteil maximaler Nährstoffdichte, sondern inspirieren auch zu abwechslungsreichen Gerichten. Erstellen Sie beispielsweise einen Wochenplan und nutzen Sie regionale Bauernmärkte oder Hofläden, um frische und hochwertige Zutaten zu beziehen.

Die Zubereitung der Speisen spielt eine ebenso wichtige Rolle. Achten Sie auf schonende Garmethoden wie Dämpfen, Blanchieren oder Sous-vide, um wertvolle Vitamine, Mineralstoffe und sekundäre Pflanzenstoffe zu erhalten. Experimentieren Sie mit Fermentationstechniken, um die Haltbarkeit Ihrer Lebensmittel zu verlängern und gleichzeitig deren gesundheitlichen Nutzen zu steigern. Kimchi, Sauerkraut oder fermentiertes Gemüse bereichern Ihren Speiseplan nicht nur geschmacklich, sondern fördern auch Ihre Darmgesundheit durch die Bildung probiotischer Bakterien. Auch die Rohkostverarbeitung bietet vielfältige Möglichkeiten. Integrieren Sie Salate, Smoothies oder mariniertes Gemüse in Ihre Ernährung, um von den natürlichen Enzymen und Nährstoffen zu profitieren. Denken Sie jedoch daran, Rohkost gründlich zu waschen und bei individueller Unverträglichkeit vorsichtig zu dosieren.

Die richtige Kombination und Portionierung Ihrer Lebensmittel optimiert die Nährstoffaufnahme und unterstützt Ihre Gesundheit. Beginnen Sie Ihre Mahlzeiten mit wasserreichem Gemüse, gefolgt von Proteinquellen und schließlich Kohlenhydraten. Diese Reihenfolgc kann Blutzuckerschwankungen minimieren und die Sättigung fördern. Orientieren Sie sich an den Portionsgrößen der makrobiotischen Küche oder nutzen Sie Ernährungstagebücher und Apps, um Ihre individuellen Bedürfnisse zu ermitteln. Eine ausgewogene Nährstoffzufuhr erreichen Sie durch die Kombination verschiedener Lebensmittelgruppen. Kombinieren Sie beispielsweise eisenreiche Lebensmittel mit Vitamin C-haltigen Zutaten, um die Eisenaufnahme zu verbessern.

Schließlich trägt die richtige Lagerung Ihrer Lebensmittel maßgeblich zur Erhaltung ihrer Qualität und Wirksamkeit bei. Lagern Sie empfindliche Öle, Nüsse und Samen kühl, dunkel und trocken, um Oxidation und Nährstoffverlust zu vermeiden. Bewahren Sie Gemüse in einem feuchten Umfeld auf, um seine Frische zu erhalten. Achten Sie bei Obst auf die Ethylen-Abgabe und lagern Sie Zwiebeln und Kartoffeln getrennt. Nutzen Sie Glasbehälter für Trockenwaren und wiederverwendbare Behälter für den Kühlschrank. Auch Haltbarmachungsmethoden wie Einfrieren, Einkochen oder Trocknen helfen Ihnen, saisonale Lebensmittel über einen längeren Zeitraum zu genießen und Ihre antientzündliche Ernährung ganzjährig umzusetzen. Die heilende Küche ist kein starres Konzept, sondern ein individueller Weg zu mehr Wohlbefinden. Mit ein wenig Planung und Kreativität können Sie die hier vorgestellten Prinzipien in Ihren Alltag integrieren und die positiven Effekte einer antientzündlichen Ernährung nachhaltig erleben.

4. Therapeutische Ernährungskonzepte

Können wir durch bewusste Ernährung chronische Entzündungen im Körper reduzieren? Die jahrtausendealten Erkenntnisse verschiedener Kulturen zeigen erstaunliche Parallelen in ihren therapeutischen Ansätzen. Von den sonnenverwöhnten Küsten des Mittelmeers bis zu den Bergen Asiens entwickelten sich Ernährungskonzepte, die heute wissenschaftlich bestätigt werden. Moderne Forschung belegt die positiven Effekte dieser traditionellen Kostformen auf unseren Säure-Base-Haushalt und das Immunsystem. In diesem Kapitel entdecken wir die wirksamsten Heilprinzipien dieser Ernährungsweisen und lernen, sie für unsere Gesundheit zu nutzen.

4. 1 Basische Kostformen

Basische Kostformen sind ein wichtiger Bestandteil therapeutischer Ernährungskonzepte. Sie zielen darauf ab, den Säure-Basen-Haushalt durch gezielte Lebensmittelauswahl und -kombinationen positiv zu beeinflussen. Dabei spielen sowohl die Nährstoffdichte als auch die Bioverfügbarkeit von Mineralstoffen eine entscheidende Rolle. Die Auswahl der richtigen Getränke und die Zusammensetzung basischer Mahlzeiten sind zentrale Aspekte, die den Erfolg dieser Ernährungsform maßgeblich beeinflussen. Erfahren Sie in diesem Kapitel, wie Sie basische Kostformen praktisch umsetzen und Ihre Gesundheit nachhaltig fördern.

Für eine optimale Mineralstoffversorgung im Rahmen einer basischen Ernährung ist nicht nur die Auswahl der Lebensmittel, sondern auch deren richtige Kombination und Zubereitung entscheidend.

Mineralstoffreiche Kombinationen

Mineralstoffe sind an unzähligen Prozessen im Körper beteiligt, von der Nervenfunktion über den Knochenaufbau bis hin zum Säure-Basen-Haushalt. Um diese Funktionen optimal zu unterstützen, ist nicht nur die ausreichende Zufuhr einzelner Mineralstoffe relevant, sondern auch deren Zusammenspiel. So können bestimmte Kombinationen die Aufnahme und Verwertung einzelner Mineralstoffe verbessern, während andere sich gegenseitig hemmen können. Die richtige Kombination von Lebensmitteln kann also die bioverfuegbarkeit der Mineralstoffe entscheidend beeinflussen. Vitamin C beispielsweise fördert die Eisenaufnahme, weshalb eisenreiche Lebensmittel wie Spinat oder Linsen idealerweise mit Vitamin-C-reichen Lebensmitteln wie Paprika oder Zitrone kombiniert werden sollten. [s84] Ein weiterer wichtiger Aspekt ist die Zubereitung der Lebensmittel. Durch Einweichen, Keimen oder Fermentieren können nicht nur antinutritive Substanzen reduziert, sondern auch die Mineralstoffverfügbarkeit erhöht werden. Hülsenfrüchte, die vor dem Kochen eingeweicht werden, weisen eine verbesserte Verdaulichkeit und somit eine höhere Bioverfügbarkeit von Mineralstoffen wie Eisen und Zink auf. [s84] Auch die Kochmethode spielt eine Rolle: Dämpfen ist im Vergleich zu Kochen in großen

Eisen [i40]

Zink [i41]

Mengen Wasser schonender und erhält so mehr wasserlösliche Vitamine und Mineralstoffe im Gemüse. Die Verwendung traditioneller Kochmethoden wie das Garen in Tontöpfen kann nicht nur den pH-Wert der Speisen beeinflussen, sondern unter Umständen auch Mineralstoffe aus dem Ton an die Lebensmittel abgeben. [s84] Durch die Kombination von Reis mit Hülsenfrüchten oder Fleisch wird nicht nur die Nährstoffdichte der Mahlzeit erhöht, sondern auch das aminosaeureprofil verbessert, was wiederum die Aufnahme und Verwertung von Mineralstoffen begünstigen kann. [s84] Die gezielte Kombination von Lebensmitteln und die Wahl der richtigen Zubereitungsmethode sind also zentrale Strategien, um die Mineralstoffversorgung im Rahmen einer basischen und antientzündlichen Ernährung zu optimieren. So kann beispielsweise eine Mahlzeit aus gedämpftem Brokkoli (reich an Vitamin C und Calcium) mit gebratenem Tofu (reich an Eisen und Magnesium) die gegenseitige Aufnahme der enthaltenen Mineralstoffe fördern. Der Fokus auf mineralstoffreiche Kombinationen trägt somit nicht nur zur Nährstoffversorgung bei, sondern unterstützt auch die gesundheitlichen Ziele einer basischen und antientzündlichen Ernährung.

Gut zu wissen

Antinutritive Substanzen

Sind natürliche Verbindungen in Lebensmitteln, die die Aufnahme von Nährstoffen wie Mineralstoffen hemmen können. Durch bestimmte Zubereitungsmethoden wie Einweichen oder Keimen kann ihre Wirkung reduziert und die Mineralstoffaufnahme verbessert werden, was zu einer ausgewogeneren Säure-Basen-Balance beiträgt.

Mineralstoffreiche basische Lebensmittel

Mineralstoffgehalt und Bioverfügbarkeit von basenbildenden Lebensmitteln.

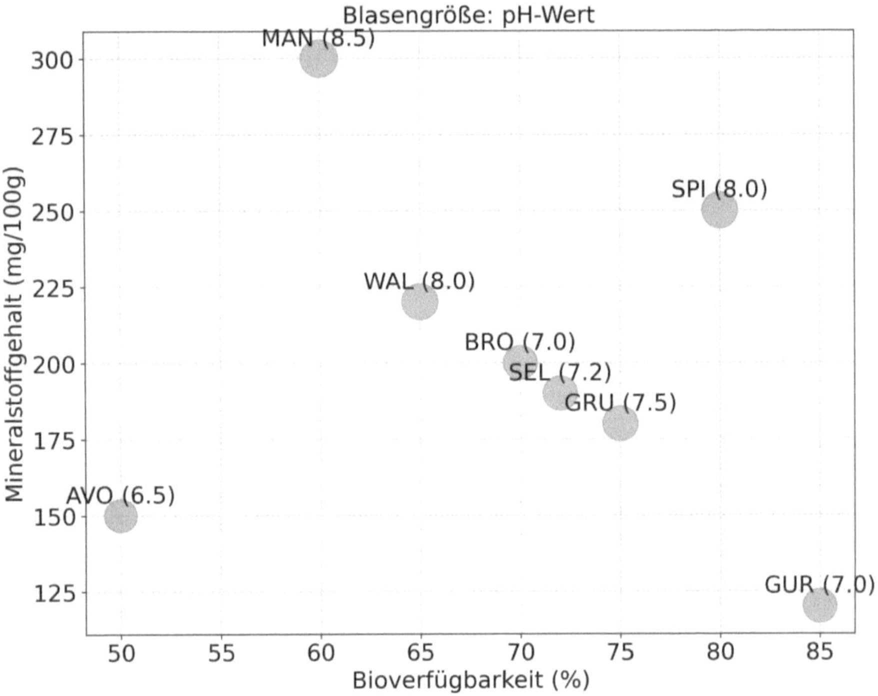

Blasengröße: pH-Wert

AVO: Avocado	BRO: Brokoli
GRU: Grünkohl	GUR: Gurke
MAN: Mandeln	SEL: Sellerie
SPI: Spinat	WAL: Walnüsse

Blattgemüse bietet einen hohen Mineralstoffgehalt mit guter Bioverfügbarkeit, während einige mineralstoffreiche Lebensmittel wie Nüsse eine geringere Bioverfügbarkeit aufweisen. Die Konzentration auf eine Vielzahl von basischen Lebensmitteln, einschliesslich solcher mit hoher Bioverfügbarkeit, kann eine ausgewogene Mineralstoffzufuhr für eine entzündungshemmende Ernährung unterstützen.

Entsäuernde Getränke

Brennnessel [i42]

Löwenzahn [i43]

Getränke spielen in einer basischen Ernährungsweise eine wichtige Rolle, da sie den Säure-Basen-Haushalt beeinflussen und so zur Gesamtbilanz beitragen. Wasser, idealerweise mit niedrigem Mineralstoffgehalt, bildet die Grundlage und sollte großzügig über den Tag verteilt getrunken werden. Kräutertees, insbesondere aus Brennnessel, Löwenzahn oder Schachtelhalm, können den Speiseplan bereichern und bieten neben ihrem milden Geschmack auch wertvolle Inhaltsstoffe. Diese Kräutertees werden traditionell zur Unterstützung der Nierenfunktion eingesetzt, die für die Regulation des Säure-Basen-Haushaltes mitverantwortlich ist. So kann eine Tasse ungesüßter Kräutertee nach dem Essen die Verdauung unterstützen und gleichzeitig zur Flüssigkeitszufuhr beitragen. Auch verdünnte Gemüsesäfte, frisch zubereitet oder ohne Zusätze aus dem Reformhaus, bieten eine Möglichkeit, die Nährstoffzufuhr zu erhöhen und den Körper mit basischen Mineralstoffen zu versorgen. Rote-Bete-Saft, reich an Nitrat, kann nicht nur den Säure-Basen-Haushalt positiv beeinflussen, sondern gemäß aktueller Forschung auch die kardiovaskuläre Gesundheit fördern, indem er die Produktion von Stickstoffmonoxid anregt [s85]. Zuckerhaltige Getränke, Limonaden und stark säurehaltige Fruchtsäfte sollten hingegen vermieden werden, da sie den Organismus zusätzlich belasten und den angestrebten Effekt einer basischen Ernährung konterkarieren. Durch die bewusste Auswahl und den regelmäßigen Konsum entsäuernder Getränke lässt sich die basische Ernährungsweise optimal ergänzen und so das Wohlbefinden steigern.

Schachtelhalm [i44]

Rote Bete [i45]

Gut zu wissen

Mineralstoffgehalt

Ein niedriger Mineralstoffgehalt im Wasser unterstützt die basische Ernährung, indem er die Nieren entlastet und so die Ausscheidung von Säuren erleichtert.

Stickstoffmonoxid

Stickstoffmonoxid spielt eine wichtige Rolle bei der Regulierung des Blutdrucks und wirkt entzündungshemmend, was zu einer verbesserten kardiovaskulären Gesundheit beiträgt.

pH-Werte gängiger Getränke

Säure und Alkalinität von Getränken

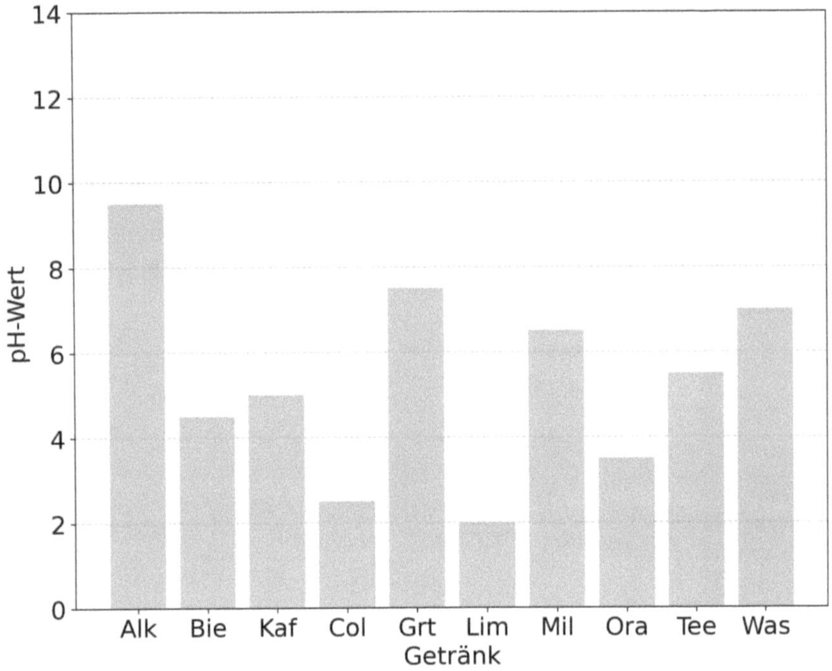

Alk: Alkalisches Wasser

Bie: Bier

Col: Cola

Grt: Grüner Tee

Kaf: Kaffee

Lim: Zitronensaft

Mil: Kuhmilch

Ora: Orangensaft

Tee: Schwarzer Tee

Was: Reines Wasser

Dieses Diagramm visualisiert die pH-Werte verschiedener Getränke und hebt ihre Platzierung auf dem Säure-Basen-Spektrum hervor. Getränke mit niedrigerem pH-Wert sind saurer, während Getränke mit höherem pH-Wert basischer sind. Die Daten deuten auf eine große Bandbreite von pH-Werten in gängigen Getränken hin, was den potenziellen Einfluss der Getränkewahl auf den gesamten pH-Wert der Ernährung unterstreicht.

Basenbildende Mahlzeiten

Basenbildende Mahlzeiten zeichnen sich durch einen hohen Anteil an Gemüse und Obst aus, ergänzt durch moderate Mengen an vollwertigen Getreideprodukten, Hülsenfrüchten, Nüssen und Samen. Der Fokus liegt auf Lebensmitteln, die reich an basischen Mineralstoffen wie Kalium, Magnesium, Calcium und Natrium sind. Diese Mineralstoffe tragen dazu bei, das Säure-Basen-Gleichgewicht im Körper zu regulieren und einer Übersäuerung entgegenzuwirken. [s86] Eine solche Ernährung kann die Verdauung fördern und Beschwerden wie Sodbrennen lindern, da ballaststoffreiche Kost Verstopfung vorbeugt. [s86] Gemüse wie Spinat, Brokkoli und Grünkohl liefern nicht nur basische Mineralstoffe, sondern auch eine Fülle an Vitaminen, Antioxidantien und sekundären Pflanzenstoffen. Letztere schützen die Zellen vor oxidativem Stress und können entzündungshemmend wirken. Ein bunter Salat mit unterschiedlichen Blattsorten, Paprika, Gurke und einem Dressing aus Olivenöl und Zitronensaft ist ein Beispiel für eine basenbildende Mahlzeit. Vollkornprodukte wie Quinoa, Hirse oder Vollkornreis liefern komplexe Kohlenhydrate, Ballaststoffe und Mineralstoffe und sättigen langanhaltend. Hülsenfrüchte, wie Linsen, Kichererbsen oder Bohnen,

Leinsamen [i46]

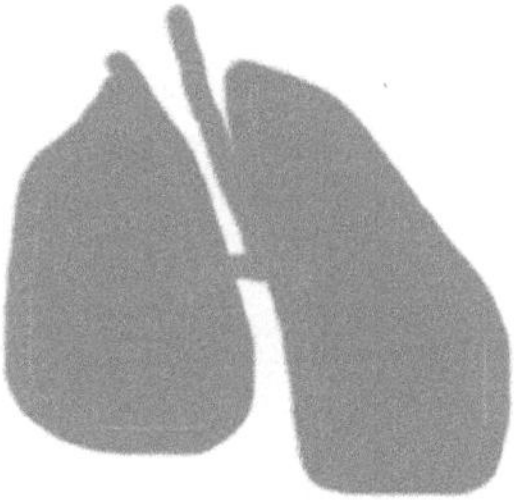

Lungenfunktion [i47]

sind reich an pflanzlichem Eiweiß und Ballaststoffen und tragen ebenfalls zu einer ausgewogenen basischen Ernährung bei. Nüsse und Samen, wie Mandeln, Walnüsse, Chia- oder Leinsamen, liefern wertvolle ungesättigte Fettsäuren, die für die Zellgesundheit und die Funktion des Nervensystems unerlässlich sind. Auch die positiven Effekte einer basenbildenden Ernährung auf die Atemwegsgesundheit sind erwähnenswert. Der hohe Anteil an Obst und Gemüse in diesen Mahlzeiten wirkt sich günstig auf die Lungenfunktion aus und kann Atemwegsbeschwerden lindern. [s87] Eine pflanzenbasierte Ernährung, wie sie in der basischen Kost im Vordergrund steht, kann somit nicht nur das Säure-Basen-Gleichgewicht stabilisieren, sondern auch die Gesundheit der Atemwege unterstützen. [s87] Durch die Integration dieser Lebensmittelgruppen in den täglichen Speiseplan kann eine basenbildende Ernährung langfristig etabliert werden, die sowohl den Säure-Basen-Haushalt als auch die allgemeine Gesundheit positiv beeinflusst.

Vollkornreis [i48]

Gut zu wissen

Sekundäre Pflanzenstoffe

Sekundäre Pflanzenstoffe sind bioaktive Substanzen, die in Pflanzen vorkommen und zahlreiche gesundheitsfördernde Eigenschaften besitzen. In einer basenreichen Ernährung tragen sie zur Entzündungshemmung bei und unterstützen die Zellgesundheit.

Optimale Zusammensetzung einer alkalischen Mahlzeit

Visuelle Darstellung einer optimalen alkalischen Mahlzeit.

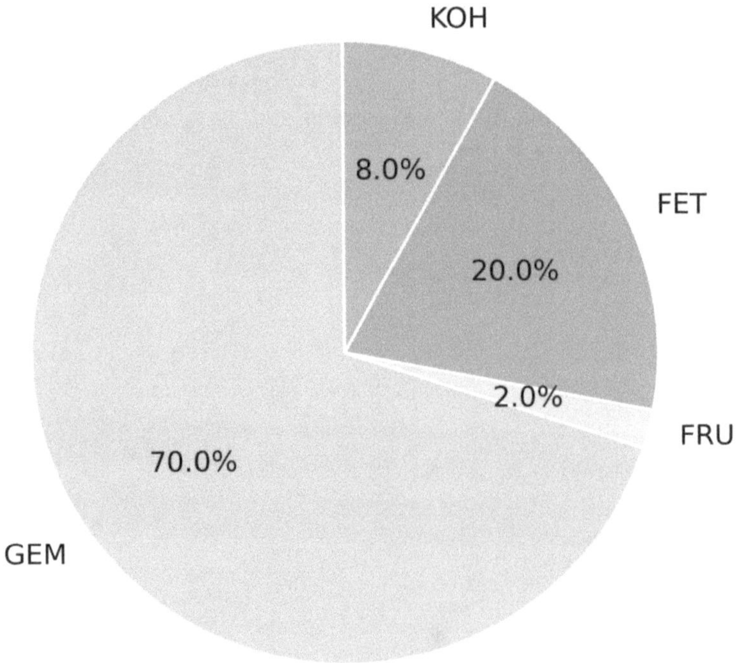

FET: Gesunde Fette (20%)

FRU: Früchte (2%)

GEM: Gemüse (70%)

KOH: Komplexe Kohlenhydrate (8%)

Dieses Diagramm zeigt die ideale Balance für eine alkalifördernde Mahlzeit. Der größte Anteil betont Gemüse, das aufgrund seines hohen Mineralstoffgehalts entscheidend ist. Ein moderater Anteil an gesunden Fetten unterstützt die Nährstoffaufnahme und das Sättigungsgefühl, während ein kleinerer Anteil an komplexen Kohlenhydraten nachhaltige Energie liefert, ohne den Blutzucker drastisch zu beeinflussen. Eine minimale Fruchtaufnahme hilft, den Zuckerspiegel zu kontrollieren und gleichzeitig nützliche Antioxidantien zu liefern. Diese Zusammensetzung zielt darauf ab, den Säuregehalt zu minimieren und ein alkalisches Milieu im Körper zu fördern.

Konkrete Ratschläge

- Erweitern Sie Ihr Verständnis von basischer Kost, indem Sie die Wirkung einzelner Lebensmittel auf Ihren Körper beobachten und dokumentieren.
- Kreieren Sie basische Pürees aus Wurzelgemüse wie Pastinaken oder Petersilienwurzel und verfeinern Sie diese mit gerösteten Kürbiskernen und frischen Kräutern.
- Entdecken Sie die Welt der Wildkräuter und integrieren Sie Brennnessel, Löwenzahn oder Giersch in Ihre basischen Salate und Suppen.
- Bereiten Sie Ihr eigenes basisches Müsli aus gekeimtem Getreide, Nüssen, Samen und Trockenfrüchten zu und genießen Sie es mit Mandelmilch.
- Experimentieren Sie mit basischen Brotaufstrichen aus Avocado, Tomaten und Kräutern oder pürierten Hülsenfrüchten mit Gewürzen.
- Trocknen Sie saisonales Obst und Gemüse im Dörrapparat und nutzen Sie es als Snack oder Zutat für basische Gerichte.
- Setzen Sie basisches Wasser mit Gurken, Zitronen und Minze an und genießen Sie dieses erfrischende Getränk über den Tag verteilt.
- Verwenden Sie beim Kochen basisches Meersalz oder Kristallsalz anstelle von herkömmlichem Kochsalz.
- Mahlen Sie Ihre basischen Gewürze selbst, um deren volles Aroma und ihre wertvollen Inhaltsstoffe zu erhalten.
- Bauen Sie regelmäßig basische Fastentage in Ihren Ernährungsplan ein, um Ihren Körper zu entlasten und zu entschlacken.
- Besuchen Sie einen Kochkurs zum Thema basische Ernährung, um neue Rezepte und Zubereitungstechniken kennenzulernen.

4. 2 Mediterrane Heilküche

Die mediterrane Heilküche bietet einen vielversprechenden Ansatz zur Linderung von Entzündungen durch Ernährung. Der gezielte Einsatz von Olivenöl, Fisch und Gemüse liefert wertvolle Nährstoffe und bioaktive Verbindungen, die Entzündungsprozesse beeinflussen können. Doch die optimale Kombination dieser Lebensmittel und ihre schonende Zubereitung stellen besondere Herausforderungen dar, insbesondere bei bestehenden Erkrankungen. Entdecken Sie, wie die mediterrane Küche Ihre Gesundheit positiv beeinflussen kann.

Die mediterrane Heilküche nutzt synergistische Effekte: Olivenöl mit Polyphenolen und schonender Zubereitung minimiert Entzündungen, während Fisch und Gemüse, reich an Omega-3-Fettsäuren und sekundären Pflanzenstoffen, diese Wirkung verstärken und die Gesundheit fördern.

Olivenölbasierte Gerichte

Olivenöl, reich an einfach ungesättigten Fettsäuren und bioaktiven Verbindungen wie polyphenolen [s88] [s89], bildet die Grundlage vieler mediterraner Gerichte. Diese Verbindungen wirken antioxidativ und entzündungshemmend, was sie zu einem wertvollen Bestandteil einer antientzündlichen Ernährung macht [s89]. Die Zubereitung mit Olivenöl sollte bei niedrigen Temperaturen und mit höherer Feuchtigkeit erfolgen, um die Bildung von Advanced Glycation Endproducts (AGEs) zu minimieren [s90]. So kann ein schonendes Dünsten von Gemüse in Olivenöl mit etwas Wasser oder Brühe die Bildung dieser potentiell schädlichen Verbindungen reduzieren. Die Kombination von Olivenöl mit säurehaltigen Marinaden aus Zitrone oder Essig bietet einen weiteren Schutz vor AGEs [s90]. Die mediterrane Küche integriert Olivenöl nicht isoliert, sondern kombiniert es mit einer Vielzahl weiterer gesunder Zutaten – Obst, Gemüse, Hülsenfrüchte, Fisch und Vollkornprodukte [s88] [s91] –, um die gesundheitlichen Vorteile zu maximieren und das Entzündungspotential weiter zu senken. Die Integration von Olivenöl in die tägliche Ernährung kann so zur Prävention chronischer Krankheiten beitragen und die allgemeine Gesundheit fördern [s89]. Eine mediterrane Ernährung mit Olivenöl kann positive Auswirkungen auf das darmmikrobiom haben [s92] [s93], Entzündungsmarker reduzieren [s92] [s91] [s93] und das Risiko für Herz-Kreislauf-Erkrankungen senken [s88] [s94].

Fettsäureverteilung in Olivenöl

Typisches Fettsäureprofil von Olivenöl.

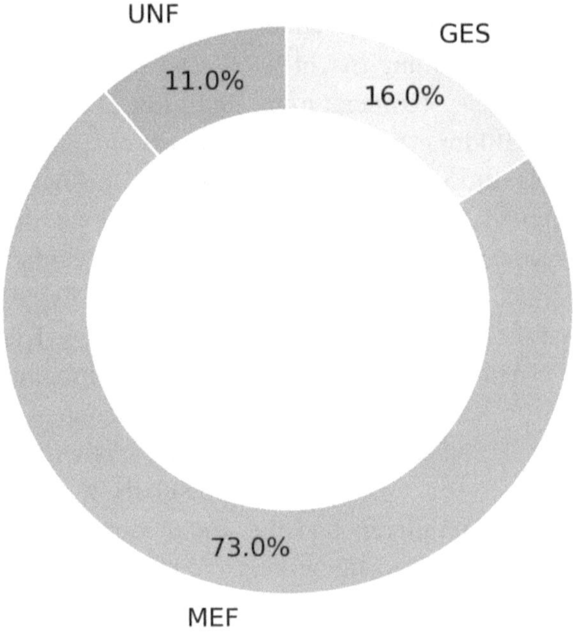

- GES: Gesättigte Fettsäuren (Palmitinsäure, etc.)
- MEF: Mehrfach ungesättigte Fettsäuren (Omega-6, Omega-3)
- UNF: Einfach ungesättigte Fettsäuren (Ölsäure, etc.)

Olivenöl besteht hauptsächlich aus einfach ungesättigten Fettsäuren, vor allem Ölsäure. Dieser hohe Ölsäuregehalt trägt zu seinen entzündungshemmenden Eigenschaften bei und macht es zu einem Eckpfeiler der mediterranen Ernährung. Die kleineren Anteile an mehrfach ungesättigten und gesättigten Fettsäuren tragen zu einem ausgewogenen Fettsäureprofil bei.

Fischreiche Speisepläne

Fisch nimmt in der mediterranen Heilküche eine besondere Stellung ein und liefert wertvolle omegafettsaeuren, die Entzündungsprozessen entgegenwirken können [s95] [s96]. Diese langkettigen Fettsäuren, wie Eicosapentaensäure (EPA) und Docosahexaensäure (DHA), beeinflussen zahlreiche Körperfunktionen positiv, von der Herzgesundheit über die Blutgerinnung bis hin zum Immunsystem [s96]. Ein ausgewogenes Verhältnis zwischen Omega-3- und Omega-6-Fettsäuren in der Ernährung ist dabei entscheidend, um die entzündungshemmenden Effekte optimal zu nutzen [s97]. Die mediterrane Küche bietet hierfür ideale Voraussetzungen, da sie neben Fisch auch reichlich pflanzliche Öle mit Omega-6-Fettsäuren enthält, wie zum Beispiel im vorherigen Kapitel beschriebenes Olivenöl. So entsteht ein synergistisches Zusammenspiel, das die gesundheitlichen Vorteile beider Fettsäuregruppen vereint. Empfehlenswert ist der Verzehr von mindestens zwei Portionen Fisch pro Woche, wobei fettreiche Arten wie Lachs, Makrele oder Hering besonders reich an Omega-3-Fettsäuren sind. Durch die Auswahl verschiedener Fischsorten und Zubereitungsarten – gedünstet, gegrillt oder gebacken – lässt sich Fisch abwechslungsreich in den Speiseplan integrieren. Ein mediterraner Fischabend mit gegrillter Dorade, einem bunten Salat und etwas Vollkornbrot liefert nicht nur wertvolle Nährstoffe, sondern entspricht auch den Prinzipien der entzündungshemmenden Ernährung. Die regelmäßige Integration von Fisch in die Ernährung trägt so zu einer ausgewogenen Nährstoffzufuhr bei und unterstützt die Gesundheit auf vielfältige Weise [s98].

Gut zu wissen

Entzündungsprozesse

Reaktionen des Körpers auf Verletzungen oder Infektionen. Chronische Entzündungen können zu verschiedenen Krankheiten führen.

Synergistisches Zusammenspiel

Das Zusammenwirken verschiedener Stoffe, das eine größere Wirkung erzielt, als die Summe der Einzelwirkungen.

Omega-3-Gehalt in Fisch (pro 100g)

Vergleich des Omega-3-Fettsäuregehalts in verschiedenen Fischen.

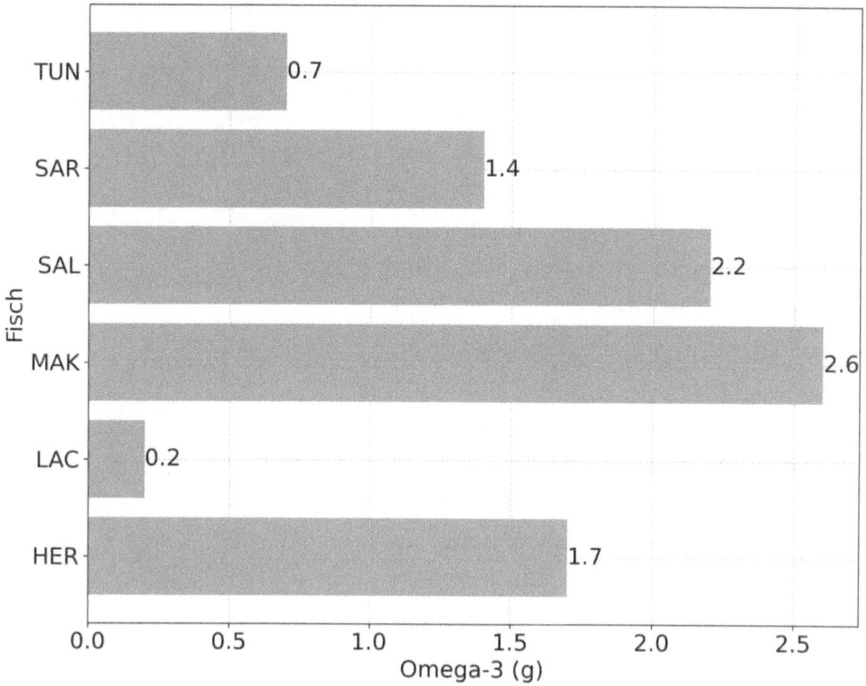

HER: Hering

MAK: Makrele

SAR: Thunfisch

LAC: Lachs

SAL: Sardinen

TUN: Kabeljau

Lachs, Makrele und Hering sind ausgezeichnete Quellen für Omega-3-Fettsäuren, die bei entzündungshemmenden Diäten von Vorteil sind. Kabeljau und Thunfisch bieten moderate Mengen, während Sardinen trotz ihrer geringeren Größe überraschend viel enthalten. Die Auswahl einer Vielzahl dieser Fische kann zu einer gesunden Omega-3-Zufuhr beitragen.

Gemüseintensive Rezepturen

Gemüsereiche Kostformen sind charakteristisch für die mediterrane Heilküche und bieten vielfältige Möglichkeiten, die Ernährung gesund und schmackhaft zu gestalten. Der Fokus liegt auf saisonalem Gemüse, das nicht nur Vitamine und Mineralstoffe liefert, sondern auch reich an sekundaeren_pflanzenstoffen ist, die entzündungshemmende und antioxidative Eigenschaften aufweisen [s99]. Gerade bei entzündlichen Darmerkrankungen ist die Auswahl und Zubereitung des Gemüses von Bedeutung [s100]. Während einer Remission ist eine breite Palette an Gemüse verträglich, bei akuten Schüben empfiehlt sich der Verzehr gekochter Gemüsesuppen mit möglichst niedrigem Gehalt an unlöslichen Ballaststoffen [s100]. So können auch in sensiblen Phasen wertvolle Nährstoffe aufgenommen werden, ohne die Verdauung zu belasten. Grüne Zwiebeln, vielseitig einsetzbar und reich an Vitaminen und Mineralstoffen, eignen sich etwa hervorragend als Zutat für Suppen, Salate oder als Beilage zu Fischgerichten [s101]. Durch die geschickte Kombination verschiedener Gemüsesorten – etwa Spinat mit Paprika und Tomaten – lassen sich nicht nur abwechslungsreiche Gerichte kreieren, sondern auch die Aufnahme unterschiedlicher

Spinat [i49]

Tomate [i50]

Nährstoffe optimieren. Die Zubereitung spielt ebenfalls eine wichtige Rolle: schonendes Dünsten oder blanchieren erhält Vitamine und sekundäre Pflanzenstoffe besser als langes Kochen. So trägt eine gemüsereiche Ernährung, angepasst an den individuellen Gesundheitszustand, dazu bei, Entzündungen zu reduzieren und die Gesundheit zu fördern.

Unlösliche Ballaststoffe [i51]

Nährstoffdichte vs. Kaloriendichte

Vergleich der Nährstoffdichte und Kaloriendichte verschiedener Gemüsesorten, die in der mediterranen Ernährung üblich sind.

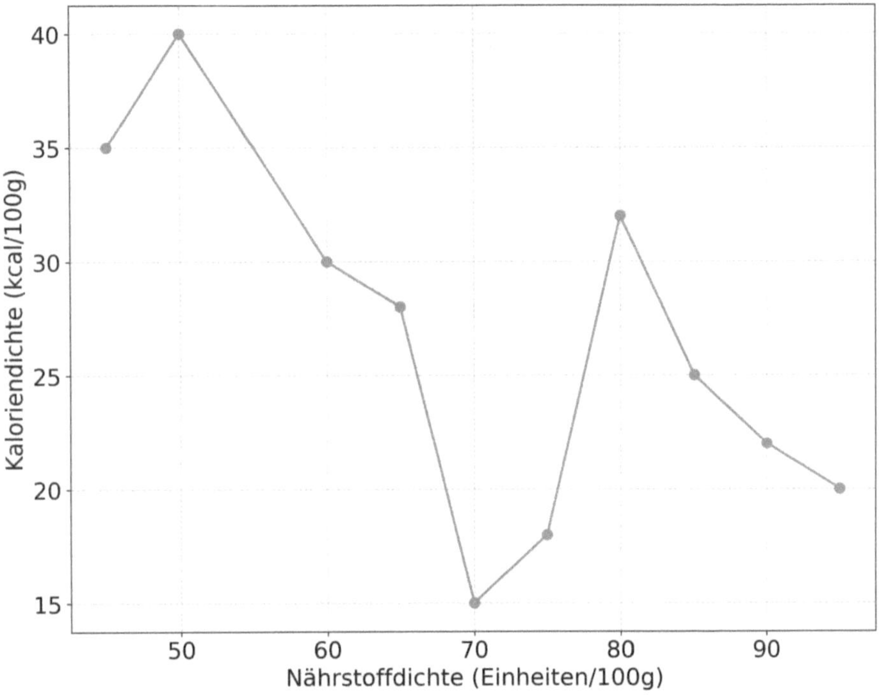

Diese Grafik zeigt, dass bestimmte Gemüsesorten eine hohe Nährstoffdichte bei relativ geringer Kaloriendichte bieten, was sie ideal für entzündungshemmende und basische Ernährung macht. Blattgemüse und Kreuzblütler zeichnen sich als besonders vorteilhafte Wahl aus, um die Nährstoffaufnahme zu maximieren und gleichzeitig die Kalorienzufuhr zu steuern, wodurch Sättigung ohne überschüssige Kalorien gefördert wird. Die Auswahl dieser Gemüse ermöglicht die Erstellung von sättigenden Mahlzeiten, die die Gesundheitsziele unterstützen.

Konkrete Ratschläge

- Kreieren Sie mediterrane Antipasti-Variationen mit in Olivenöl eingelegtem Gemüse, Kapern und Oliven.
- Entwickeln Sie eigene Pestos aus frischen Kräutern, Nüssen, Olivenöl und Gewürzen – variieren Sie mit Basilikum, Rucola oder Minze.
- Trocknen Sie Tomaten im Ofen und konservieren Sie diese in Olivenöl mit Rosmarin und Thymian für den Winter.
- Bereiten Sie aromatisierte Olivenöle selbst zu, indem Sie Kräuterzweige wie Rosmarin oder Chili in eine Flasche geben und mit Olivenöl auffüllen.
- Experimentieren Sie mit verschiedenen Fischmarinaden aus Zitrone, Olivenöl, Knoblauch und Kräutern und entdecken Sie neue Geschmackswelten.
- Rösten Sie Gemüse wie Auberginen oder Zucchini im Ofen und pürieren Sie diese anschließend mit Tahin, Olivenöl und Gewürzen zu einem cremigen Dip.
- Verfeinern Sie Ihre mediterranen Gerichte mit selbstgemachtem Zitronensalz, indem Sie abgeriebene Zitronenschale mit Meersalz mischen und trocknen lassen.
- Backen Sie knusprige Grissini mit verschiedenen Kräutern und Gewürzen und servieren Sie diese zu Ihren mediterranen Vorspeisen.
- Kultivieren Sie eigene Kräuter wie Oregano, Thymian oder Rosmarin auf dem Balkon oder im Garten für frische Aromen in Ihrer Küche.
- Bereiten Sie mediterrane Suppen mit saisonalem Gemüse und Hülsenfrüchten zu und verfeinern Sie diese mit einem Schuss Olivenöl und frischen Kräutern.

4. 3 Asiatische Heilprinzipien

Asiatische Heilprinzipien bieten einen einzigartigen Ansatz zur Gesundheitsförderung durch Ernährung. Traditionelle Gewürzmischungen, ausgleichende Mahlzeiten und harmonische Geschmackskombinationen spielen eine zentrale Rolle. Diese Konzepte berücksichtigen nicht nur die entzündungshemmenden Eigenschaften einzelner Lebensmittel, sondern auch deren energetische Wirkung und das komplexe Zusammenspiel verschiedener Geschmacksrichtungen. Die Herausforderung liegt in der Integration dieser differenzierten Betrachtungsweise in die alltägliche Ernährung. Entdecken Sie die faszinierende Welt der asiatischen Heilkunst und erfahren Sie, wie Sie diese Prinzipien für Ihre Gesundheit nutzen können.

Asiatische Heilprinzipien betonen, dass die Kombination verschiedener Gewürze und Geschmacksrichtungen synergistische Effekte erzeugt, die über die Einzelwirkungen hinausgehen und das innere Gleichgewicht fördern.

Traditionelle Gewürzmischungen

Traditionelle Gewürzmischungen der asiatischen Heilkunst enthalten eine Vielzahl von Komponenten mit entzündungshemmenden Eigenschaften. [s102] Gewürze beeinflussen Entzündungsprozesse im Körper und können so chronischen Erkrankungen vorbeugen. [s102] Ihre Integration in die tägliche Ernährung kann daher einen Beitrag zur Gesundheit leisten. [s102] Aktive Pflanzenstoffe in Gewürzen wirken auf Entzündungsmarker und bieten therapeutisches Potenzial bei der Prävention und Behandlung von Krankheiten. [s102] So kann etwa Zimt, ein weltweit verbreitetes Gewürz, nicht nur kulinarisch, sondern auch medizinisch genutzt werden. [s103] Seine Inhaltsstoffe, wie Zimtaldehyd und Eugenol, wirken antioxidativ, entzündungshemmend, antidiabetisch und antimikrobiell. [s103] Traditionell wird Zimt zur Förderung der Darmgesundheit und zur Senkung des Dickdarmkrebsrisikos eingesetzt. [s103] Darüber hinaus wirkt er blutstillend und kann die Durchblutung der Gebärmutter verbessern. [s103] Die antioxidative Wirkung lässt sich durch die Verwendung von Extrakten, etwa ätherischen Ölen, verstärken. [s103] Zimt zeigt auch Wirksamkeit gegen bakterielle und Pilzinfektionen. [s103] Ein weiteres Beispiel ist Ingwer, dessen entzündungshemmende und antioxidative Eigenschaften auf seine vielfältigen Pflanzenstoffe zurückzuführen sind. [s104] Gingerole und Shogaole, bioaktive Moleküle im Ingwer, hemmen die Bildung von Entzündungsbotenstoffen

wie prostaglandinen und Leukotrienen. [s104] Ingwer kann bei entzündlichen Erkrankungen wie Arthritis und rheumatischen Beschwerden Linderung verschaffen. [s104] Seine antioxidative Wirkung trägt zur allgemeinen Gesundheitsförderung bei. [s104] In der traditionellen Heilkunde stärkt Ingwer das Immunsystem und dient der Behandlung verschiedener Krankheiten. [s104] Durch die Kombination verschiedener Gewürze in traditionellen Mischungen entstehen synergistische Effekte, die die individuellen

Wirkungen der einzelnen Komponenten verstärken können. Eine solche Mischung kann etwa aus Zimt und Ingwer in gleichen Teilen bestehen und täglich in Speisen oder Getränken verwendet werden.

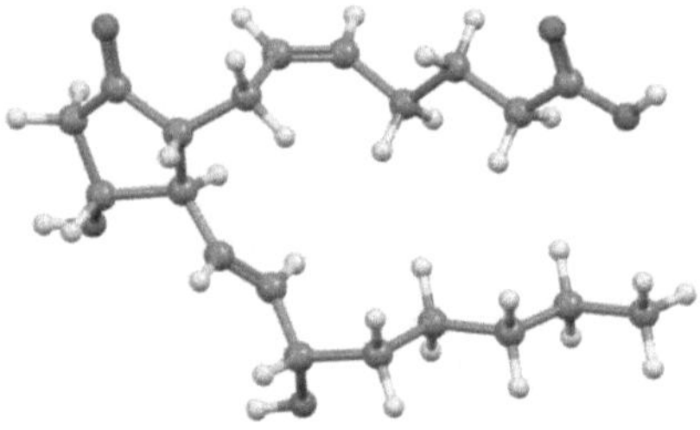

Prostaglandin [i52]

Beispiel Anti-Entzündungs-Gewürzmischung

Typische Zusammensetzung der Gewürzmischung.

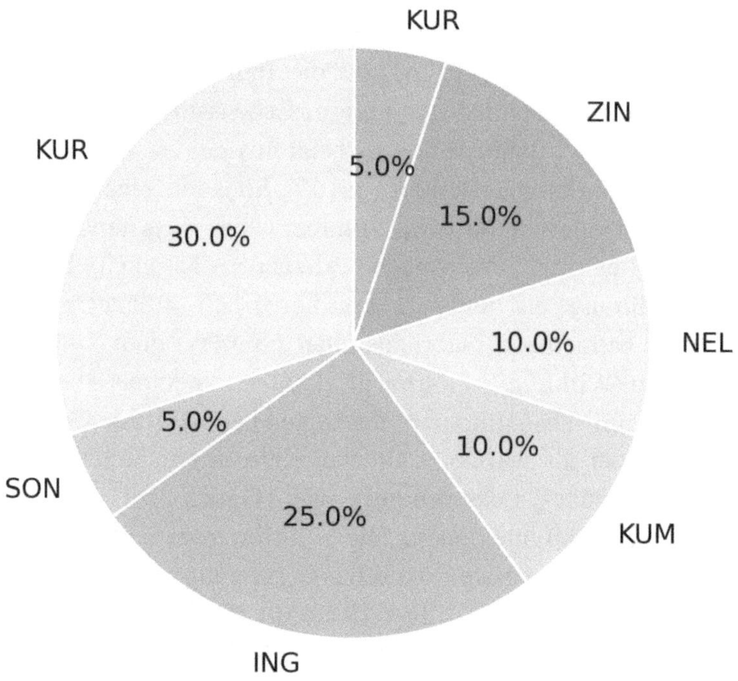

ING: Ingwer

KUR: Kurkuma

PFE: Schwarzer Pfeffer

KUM: Kreuzkümmel

NEL: Nelken

SON: Sonstige (z. B. Koriander, Kardamom)

ZIN: Zimt

Diese Beispielmischung priorisiert Kurkuma und Ingwer aufgrund ihrer starken entzündungshemmenden Eigenschaften, ergänzt durch wärmende Gewürze wie Zimt und Nelken. Die geringeren Anteile an schwarzem Pfeffer und Kreuzkümmel erhöhen die Bioverfügbarkeit und verleihen dem Geschmack Tiefe. Diese Ausgewogenheit zielt darauf ab, eine schmackhafte und wirksame Mischung zur Unterstützung einer entzündungshemmenden Ernährung zu schaffen.

Ausgleichende Mahlzeiten

Ausgleichende Mahlzeiten bilden in der asiatischen Heilkunst eine zentrale Säule, um das innere Gleichgewicht, die Harmonie von Yin und Yang, zu fördern. [s105] Diese Philosophie unterscheidet sich grundlegend von westlichen Diätansätzen, da sie keine allgemeingültige Ernährungsweise propagiert, sondern die Individualität jedes Menschen in den Vordergrund stellt. Konstitution, Lebensstil, Umwelt, Klima und sogar die Jahreszeit beeinflussen die optimale Nahrungsmittelzusammenstellung. [s105] So kann eine Speise, die im Winter wärmt und stärkt, im Sommer eher belastend wirken. Ein Büroangestellter mit überwiegend sitzender Tätigkeit benötigt eine andere Ernährung als jemand, der körperlich arbeitet. Die östliche Heilkunde betrachtet Nahrungsmittel unter dem Aspekt ihrer energetischen Wirkung – wärmend, kühlend, neutral – und setzt sie gezielt ein, um Disharmonien auszugleichen. [s106] Unter anderem wird Ingwer, der als wärmend gilt, bei Kälteempfindlichkeit empfohlen, während kühlende Lebensmittel wie Gurke bei Hitzewallungen Linderung verschaffen können. Diese differenzierte Betrachtungsweise erfordert eine bewusste Auseinandersetzung mit den eigenen Bedürfnissen und den Eigenschaften der Nahrungsmittel. Die Traditionelle Chinesische Medizin (TCM) sieht in bestimmten Lebensmitteln therapeutisches Potenzial, um das innere Gleichgewicht wiederherzustellen. [s106] Eine solche ganzheitliche Betrachtungsweise, die Ernährung und Medizin vereint, bietet vielversprechende Ansätze für die Gesundheitsförderung. Die weitere Erforschung dieser Prinzipien und die Zusammenarbeit zwischen TCM-Praktikern und westlichen Gesundheitsdienstleistern sind entscheidend, um das Wissen über die therapeutische Wirkung von Nahrungsmitteln zu erweitern und in die moderne Gesundheitsversorgung zu integrieren. [s106] Eine ausgeglichene Ernährung nach asiatischen Prinzipien zielt nicht auf kurzfristige Effekte ab, sondern unterstützt langfristig die Gesundheit und das Wohlbefinden.

Traditionelle Chinesische Medizin [i53]

Gut zu wissen

Konstitution

Die Konstitution beschreibt die individuellen körperlichen und energetischen Eigenschaften eines Menschen. In der asiatischen Heilkunde wird die Konstitution berücksichtigt, um die Ernährung optimal auf die Bedürfnisse des Einzelnen abzustimmen und so das innere Gleichgewicht zu fördern. Eine auf die Konstitution abgestimmte Ernährung kann helfen, Krankheiten vorzubeugen und die Gesundheit zu erhalten.

Traditionelle Chinesische Medizin

Die Traditionelle Chinesische Medizin (TCM) ist ein jahrtausendealtes Medizinsystem, das auf der ganzheitlichen Betrachtung des Menschen basiert. Die TCM nutzt verschiedene Methoden wie Akupunktur, Kräuterheilkunde und Ernährungstherapie, um das Gleichgewicht von Yin und Yang im Körper wiederherzustellen und die Selbstheilungskräfte zu aktivieren. In der TCM spielt die Ernährung eine wichtige Rolle, um Krankheiten vorzubeugen und die Gesundheit zu fördern.

Yin und Yang

Yin und Yang repräsentieren gegensätzliche, aber komplementäre Kräfte, die in der asiatischen Philosophie das Gleichgewicht im Körper und in der Natur beschreiben. In der Ernährung werden Lebensmittel Yin oder Yang zugeordnet, um durch eine ausgewogene Kombination dieser Energien die Gesundheit zu fördern und Krankheiten vorzubeugen. Ein ausgeglichenes Verhältnis von Yin und Yang in der Ernährung unterstützt die Harmonie im Körper und stärkt die Selbstheilungskräfte.

Geschmacksbalance in der asiatischen Küche

Geschmacksverteilung für eine entzündungshemmende Ernährung

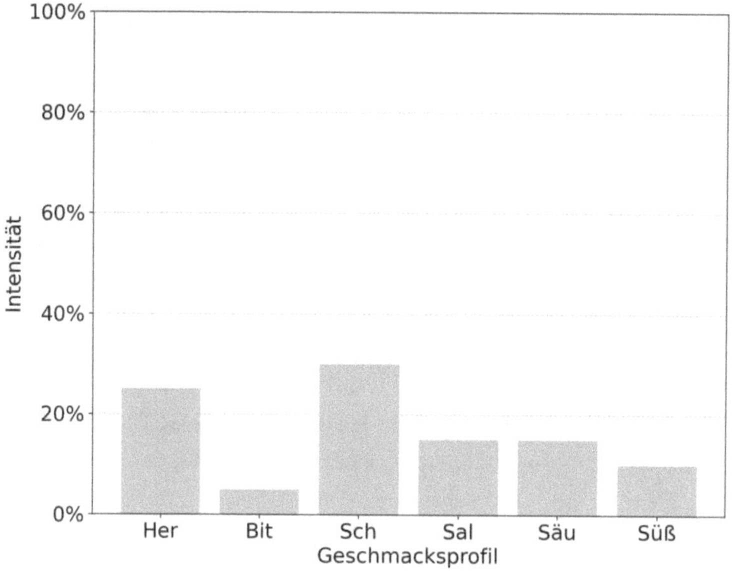

Bit: Bitter

Her: Herb

Säu: Sauer

Sal: Salzig

Sch: Scharf

Süß: Süß

Diese Grafik veranschaulicht die empfohlene Geschmacksbalance in einer entzündungshemmenden Ernährung, basierend auf asiatischen Heilprinzipien. Die Betonung von scharfen und herben Aromen deutet auf deren Bedeutung bei der Reduzierung von Entzündungen hin. Während saure und salzige Aromen enthalten sind, werden sie in Maßen verwendet. Die minimale Verwendung von bitteren und süßen Aromen deutet darauf hin, dass sie in diesem Ernährungsansatz als weniger vorteilhaft angesehen werden. Diese Ausgewogenheit fördert die Harmonie und unterstützt das allgemeine Wohlbefinden.

Harmonische Geschmackskombinationen

Die asiatische Küche nutzt nicht nur die gesundheitlichen Vorteile einzelner Zutaten, sondern auch das Zusammenspiel ihrer Geschmacksrichtungen, um die Wirkung zu optimieren und ein harmonisches Geschmackserlebnis zu schaffen. Dieses Prinzip basiert auf der Fünf-Elemente-Lehre, die fünf Geschmacksrichtungen – süß, sauer, salzig, bitter und scharf – mit den Elementen Holz, Feuer, Erde, Metall und Wasser in Verbindung bringt. [s107] Jede Geschmacksrichtung hat spezifische Wirkungen auf den Körper und die Organe. So wirkt etwa der süße Geschmack nährend und beruhigend auf Milz und Magen, während der scharfe Geschmack anregend auf Lunge und Dickdarm wirkt. Durch die Kombination verschiedener Geschmacksrichtungen in einer Mahlzeit lässt sich ein harmonisches Gleichgewicht herstellen, das die Verdauung fördert und das Wohlbefinden steigert. Die Fünf-Elemente-Lehre berücksichtigt auch die Wechselwirkungen zwischen den Geschmacksrichtungen. So kann ein übermäßiger Konsum einer Geschmacksrichtung die Wirkung einer anderen beeinträchtigen. Ein zu scharfes Gericht kann etwa die kühlende Wirkung von bitteren Lebensmitteln aufheben. Die Kenntnis dieser Wechselwirkungen ermöglicht es, Mahlzeiten so zu gestalten, dass sie den individuellen Bedürfnissen und dem jeweiligen Gesundheitszustand entsprechen. In der Praxis bedeutet das, verschiedene Geschmacksrichtungen bewusst in einer Mahlzeit zu vereinen. Ein Gericht mit Hühnchen (süß) könnte mit Ingwer (scharf), Zitronensaft (sauer) und Sojasauce (salzig) abgeschmeckt und mit etwas Chicorée (bitter) serviert werden. So

Chicorée [i54]

entsteht ein ausgewogenes Geschmacksprofil, das alle fünf Elemente repräsentiert. Die Kunst der harmonischen Geschmackskombinationen ermöglicht es, sowohl den Genuss als auch die gesundheitlichen Vorteile der asiatischen Küche voll auszuschöpfen. Durch die bewusste Auswahl und Kombination von Zutaten lässt sich eine wohltuende und gleichzeitig schmackhafte Ernährung gestalten, die das innere Gleichgewicht unterstützt. Die Fünf-Elemente-Lehre bietet einen Rahmen, um die komplexen Beziehungen zwischen den Geschmacksrichtungen und ihren Wirkungen auf den Körper zu verstehen. Sie dient als Grundlage für die Entwicklung individueller Ernährungspläne, die auf den spezifischen Bedürfnissen jedes Einzelnen abgestimmt sind. Die Berücksichtigung der Jahreszeiten und der persönlichen Konstitution spielt dabei eine wichtige Rolle. Im Winter etwa werden wärmende Geschmacksrichtungen wie scharf und süß bevorzugt, während im Sommer kühlende Geschmacksrichtungen wie bitter und sauer empfohlen werden. Die harmonische Geschmackskombination ist somit kein starres Konzept, sondern ein flexibles Werkzeug, um die Ernährung an die individuellen Bedürfnisse und die jeweilige Situation anzupassen. Die asiatische Küche bietet eine Fülle von Möglichkeiten, die Prinzipien der harmonischen Geschmackskombinationen in die Praxis umzusetzen. Von traditionellen Gerichten bis hin zu modernen Interpretationen lassen sich unzählige Variationen kreieren, die sowohl den Gaumen als auch die Gesundheit erfreuen. Ein tieferes Verständnis der Fünf-Elemente-Lehre und ihrer Anwendung in der Küche eröffnet neue Wege zu einer ausgewogenen und wohltuenden Ernährung.

Sojasauce [i55]

Zitronensaft [i56]

Gut zu wissen

Fünf-Elemente-Lehre

Die Fünf-Elemente-Lehre ist ein grundlegendes Konzept der Traditionellen Chinesischen Medizin (TCM), das die dynamischen Beziehungen zwischen den fünf Elementen Holz, Feuer, Erde, Metall und Wasser beschreibt und auf die Ernährung angewendet wird, um ein Gleichgewicht im Körper zu erreichen und Entzündungen zu reduzieren.

Geschmackskombinationen in der asiatischen Anti-Entzündungs-Küche

Geschmacksharmonie in asiatischen Anti-Entzündungs-Gerichten basierend auf Ausgleichsprinzipien.

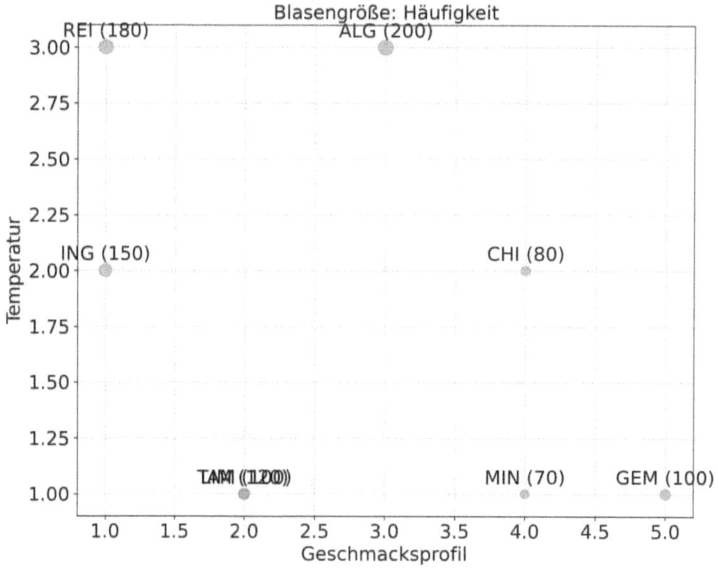

Blasengröße: Häufigkeit

ALG: Algen	CHI: Chili
GEM: Gemüse	ING: Ingwer
LIM: Limette	MIN: Minze
REI: Reis	TAM: Tamarinde

Diese Grafik hebt die in der asiatischen Küche angestrebte Ausgewogenheit hervor, insbesondere im Rahmen von entzündungshemmenden Ernährungsweisen. Beachten Sie, wie Zutaten mit 'kühlenden' Eigenschaften oft mit 'wärmenden' kombiniert werden und scharfe Aromen durch süßere oder mildere Geschmäcker ausgeglichen werden. Die Größe der Blase zeigt die Häufigkeit der Verwendung in traditionellen Rezepten an, was auf die Bedeutung bestimmter Zutaten für das Erreichen von Ausgewogenheit und die Förderung des Wohlbefindens hinweist.

Konkrete Ratschläge

- Verfeinern Sie Ihre Gemüsebrühe mit einer Prise Sternanis und etwas geriebenem Ingwer, um die wärmende Wirkung nach der TCM zu verstärken.
- Integrieren Sie fermentierte Sojaprodukte wie Miso oder Tempeh in Ihre Ernährung, um die Verdauungskraft nach asiatischen Heilprinzipien zu unterstützen.
- Trinken Sie warmen Ingwertee mit Zitrone und Honig, um das Immunsystem zu stärken und die Abwehrkräfte anzuregen.
- Massieren Sie Ihre Fußsohlen mit Sesamöl, um die Energiebahnen nach der TCM zu aktivieren und Blockaden zu lösen.
- Bereiten Sie sich ein entspannendes Bad mit ätherischen Ölen wie Lavendel oder Sandelholz zu, um Yin und Yang in Einklang zu bringen.
- Essen Sie morgens warme, gekochte Speisen wie Haferbrei oder Reisbrei, um das Verdauungsfeuer nach der TCM zu entfachen.
- Achten Sie auf die Farben Ihrer Lebensmittel und wählen Sie bewusst Nahrungsmittel in den Farben der Fünf-Elemente-Lehre, um die Organe zu stärken.
- Kombinieren Sie in Ihren Gerichten gezielt die fünf Geschmacksrichtungen süß, sauer, salzig, bitter und scharf, um ein harmonisches Geschmackserlebnis und energetisches Gleichgewicht zu erzielen.
- Bereiten Sie ein Gewürzöl mit geröstetem Sesamöl und Gewürzen wie Kreuzkümmel, Koriander und Fenchel zu, um Ihre Speisen energetisch aufzuwerten.
- Atmen Sie vor jeder Mahlzeit einige Male tief durch die Nase ein und durch den Mund aus, um die Verdauung zu unterstützen und Achtsamkeit zu fördern.

Rückblick - 4. Therapeutische Ernährungskonzepte

Therapeutische Ernährungskonzepte, insbesondere die basische und antientzündliche Ernährung, bieten ein vielversprechendes Potenzial zur Verbesserung des Wohlbefindens und zur Linderung von Beschwerden. Der Kern dieser Konzepte liegt in der gezielten Auswahl und Kombination von Lebensmitteln, um den Körper optimal mit Nährstoffen zu versorgen und gleichzeitig Entzündungsprozesse zu minimieren. Dabei spielen nicht nur die einzelnen Lebensmittel eine Rolle, sondern auch deren Zusammenspiel und die Art der Zubereitung. Ein wichtiger Aspekt ist beispielsweise die Bioverfügbarkeit von Mineralstoffen, die durch geschickte Kombinationen, wie etwa Eisen mit Vitamin C, deutlich gesteigert werden kann. Denken Sie beispielsweise an einen Spinatsalat mit Paprika und einem Zitronendressing. Auch traditionelle Zubereitungsmethoden wie Einweichen, Keimen oder Dämpfen können die Nährstoffaufnahme verbessern und sollten in Ihren Kochalltag integriert werden.

Neben der Auswahl der Lebensmittel spielt auch die Flüssigkeitszufuhr eine entscheidende Rolle für eine ausgeglichene Säure-Basen-Balance. Reichen Sie Ihren Speiseplan mit entsäuernden Getränken wie Kräutertees aus Brennnessel oder Löwenzahn an. Auch verdünnte Gemüsesäfte können eine wertvolle Ergänzung sein, während zuckerhaltige Getränke und stark säurehaltige Fruchtsäfte vermieden werden sollten. Integrieren Sie Rote-Bete-Saft in Ihre Ernährung, um von dessen positiven Effekten auf den Säure-Basen-Haushalt und die kardiovaskuläre Gesundheit zu profitieren. Achten Sie darauf, ausreichend Wasser mit niedrigem Mineralstoffgehalt über den Tag verteilt zu trinken, um Ihre Nieren zu entlasten und die Ausscheidung von Säuren zu unterstützen.

Die Zusammensetzung Ihrer Mahlzeiten ist ein weiterer wichtiger Baustein. Basenbildende Mahlzeiten zeichnen sich durch einen hohen Anteil an Obst und Gemüse, ergänzt durch Vollkornprodukte, Hülsenfrüchte, Nüsse und Samen aus. Achten Sie auf eine abwechslungsreiche Auswahl, um von der Vielfalt der sekundären Pflanzenstoffe zu profitieren. Berücksichtigen Sie Ihren individuellen Gesundheitszustand, insbesondere bei entzündlichen Darmerkrankungen. In akuten Phasen sollten Sie auf leicht verdauliches, gekochtes Gemüse mit wenig unlöslichen Ballaststoffen zurückgreifen. Gewürze spielen ebenfalls eine wichtige Rolle: Ingwer und Zimt beispielsweise wirken entzündungshemmend und können Ihre Gerichte geschmacklich bereichern.

Die asiatische Heilkunst bietet zusätzliche Perspektiven, indem sie die energetische Wirkung von Lebensmitteln und die Harmonie der Geschmacksrichtungen nach der Fünf-Elemente-Lehre berücksichtigt. Integrieren Sie diese Prinzipien, indem Sie die fünf Geschmacksrichtungen – süß, sauer, salzig, bitter, scharf – bewusst in Ihren Mahlzeiten kombinieren. Beachten Sie dabei Ihre individuelle Konstitution und die Jahreszeit. So können Sie Ihre Ernährung optimal auf Ihre persönlichen Bedürfnisse abstimmen und Ihr inneres Gleichgewicht fördern.

Die Umsetzung einer therapeutischen Ernährung erfordert zwar ein gewisses Maß an Planung und Umstellung, doch die positiven Auswirkungen auf Ihre Gesundheit und Ihr Wohlbefinden machen diese Bemühungen lohnenswert. Beginnen Sie mit kleinen Schritten, experimentieren Sie mit neuen Rezepten und finden Sie heraus, welche Ernährungsweise am besten zu Ihnen passt. Mit Geduld und Achtsamkeit können Sie Ihre Ernährung in ein kraftvolles Instrument für Ihre Gesundheit verwandeln.

5. Optimierung der Ernährungsumstellung

Warum scheitern viele Menschen trotz bester Vorsätze bei der Umstellung ihrer Ernährung? Der Übergang zu einer antientzündlichen, basischen Ernährungsweise erfordert mehr als nur Wissen über die richtigen Lebensmittel. Neben der Auswahl geeigneter Zutaten spielen auch praktische Aspekte wie Einkauf, Zubereitung und Zeitmanagement eine zentrale Rolle. Die erfolgreiche Integration neuer Ernährungsgewohnheiten in den Alltag basiert auf durchdachten Strategien und systematischer Planung. In diesem Kapitel erfahren Sie, wie Sie typische Stolperfallen umgehen und Ihre Ernährungsumstellung zum dauerhaften Erfolg führen.

5. 1 Alltagstaugliche Umsetzung

Die alltagstaugliche Umsetzung einer antientzündlichen, basischen Ernährung stellt viele vor Herausforderungen: Zeitmangel, außerhäusliche Verpflegung und die Bedürfnisse der Familie. Diese Hürden erfordern praktische Strategien und Anpassungen im Alltag, ohne die langfristige Ernährungsumstellung scheitert. Dieses Kapitel bietet konkrete Lösungen für die häufigsten Probleme und unterstützt Sie dabei, die basische Ernährung dauerhaft zu integrieren. Entdecken Sie, wie Sie entspannt und genussvoll Ihre Ernährung optimieren.

> *Erfolgreiche Ernährungsumstellung gelingt durch Planung, Anpassungsfähigkeit und ein unterstützendes Umfeld.*

Zeitmanagement

Zeitmanagement ist entscheidend für die langfristige Umsetzung einer antientzündlichen Ernährung. Ein strukturierter Tagesablauf hilft, Mahlzeiten regelmäßig zuzubereiten und zu verzehren, anstatt auf Fertigprodukte oder ungesunde Alternativen zurückzugreifen. Beginnen Sie mit der Planung Ihrer Mahlzeiten für die Woche. Erstellen Sie eine Liste mit den benötigten Zutaten und kaufen Sie diese im Voraus ein. Das spart nicht nur Zeit beim täglichen Einkauf, sondern verhindert auch Spontankäufe ungesunder Lebensmittel. Integrieren Sie die Essenszubereitung in Ihre tägliche Routine, zu vergleichen mit anderen festen Terminen wie Sport oder Arztbesuchen. Reservieren Sie sich feste Zeitfenster zum Kochen und halten Sie diese konsequent ein. Auch das Vorkochen größerer Mengen für mehrere Tage kann die tägliche Kochzeit reduzieren. So haben Sie immer eine gesunde Mahlzeit griffbereit, selbst wenn die Zeit knapp ist. Die Organisation und Planung sind wichtige Elemente, um Kochfähigkeiten zu verbessern und so die Umsetzung der antientzündlichen Ernährung zu erleichtern [s108]. Überlegen Sie, welche Mahlzeiten sich gut vorbereiten lassen und wie Sie Reste sinnvoll verwerten können. - Suppen, Eintöpfe oder Ofengerichte lassen sich beispielsweise gut in größeren Mengen zubereiten und portionsweise einfrieren. - Schneiden Sie Gemüse am Wochenende vor, um die Zubereitungszeit unter der Woche zu verkürzen. Nutzen Sie auch technische Hilfsmittel wie einen Slow Cooker oder einen Dampfgarer, um den Kochprozess zu vereinfachen und Zeit zu sparen. Die gewonnene Zeit können Sie für

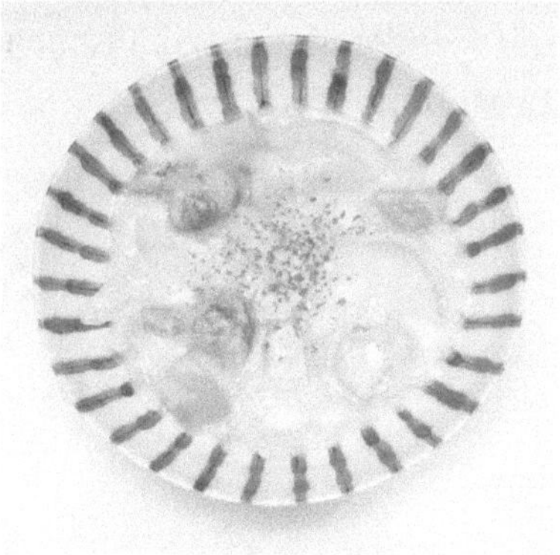

Eintöpfe [i57]

andere wichtige Aspekte der antientzündlichen Ernährung nutzen, wie Bewegung oder Entspannung. Der Austausch mit Gleichgesinnten kann ebenfalls motivierend wirken und neue Ideen für die Umsetzung liefern [s108]. Suchen Sie nach Online-Foren oder lokalen Gruppen, um sich mit anderen auszutauschen, die ebenfalls eine antientzündliche Ernährung verfolgen.

Ofengerichte [i58]

Suppen [i59]

Gut zu wissen

Zeitmanagement

Effektives Zeitmanagement hilft, die Hürden im Alltag zu überwinden und die antientzündliche Ernährung dauerhaft in den Lebensstil zu integrieren. Durch Planung und Organisation wird die Zubereitung gesunder Mahlzeiten vereinfacht und der Verzehr von Fertigprodukten reduziert, was die Entzündungswerte im Körper senken kann.

Zeiteffizienz der entzündungshemmenden Ernährung

Zeitaufwand vs. wahrgenommener Gesundheitsnutzen einer entzündungshemmenden (alkalischen) Ernährung.

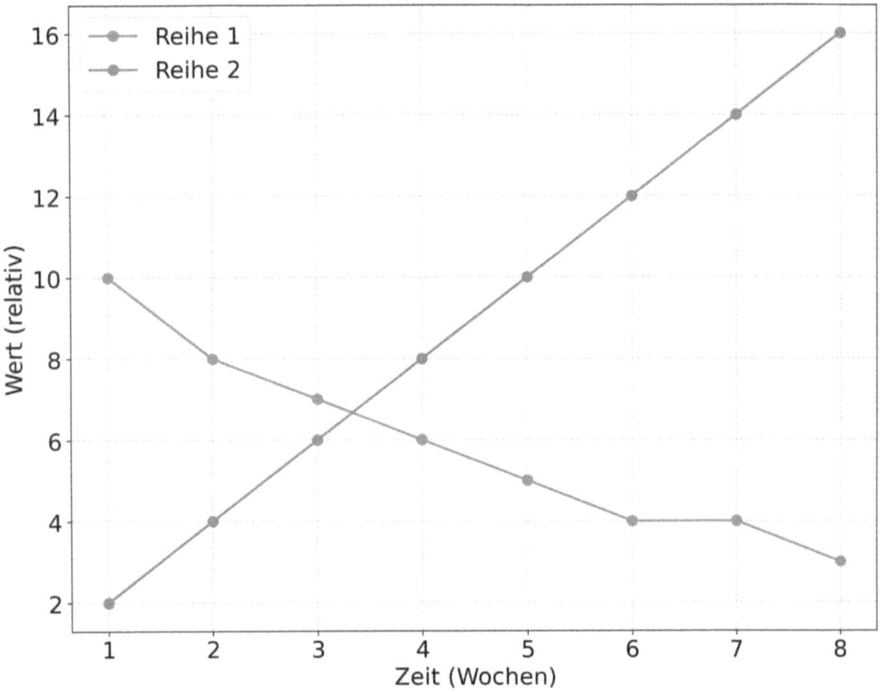

Anfangs ist der Zeitaufwand aufgrund von Mahlzeitenplanung, Einkauf neuer Zutaten und Erlernen neuer Kochmethoden hoch. Mit zunehmender Routine und Vertrautheit mit der Ernährung sinkt der Zeitaufwand, während der wahrgenommene Gesundheitsnutzen stetig steigt, was die langfristige Effizienz belegt.

Außerhäusliche Verpflegung

Außer Haus zu essen, stellt bei einer antientzündlichen Ernährung eine besondere logistische Aufgabe dar. Der Mangel an Kontrolle über Zutaten und Zubereitungsmethoden kann die Einhaltung der Ernährungsrichtlinien erschweren. Um diese Hürde zu meistern, ist eine vorausschauende Planung unerlässlich. Informieren Sie sich im Voraus über Restaurants mit Gerichten, die zu Ihren Ernährungsbedürfnissen passen. Viele Restaurants bieten mittlerweile online Speisekarten mit detaillierten Zutatenlisten an. Suchen Sie gezielt nach Restaurants, die frische, unverarbeitete Lebensmittel verwenden und Zubereitungsarten wie Dämpfen, Grillen oder Backen anbieten. Ein Anruf im Restaurant kann ebenfalls Klarheit über Zutaten und Zubereitung schaffen. Erkundigen Sie sich nach der Möglichkeit, Gerichte individuell anzupassen, etwa durch den Austausch von Beilagen oder das Weglassen bestimmter Zutaten. Packen Sie sich für den Fall der Fälle einen Snack ein, der Ihren Ernährungsvorgaben entspricht. Nüsse, Obst oder Gemüsesticks können kurzfristigen Hunger stillen und verhindern, dass Sie in der Not zu ungünstigen Alternativen greifen. Auch Insektenmehl könnte eine interessante Option für die außerhäusliche Verpflegung sein. Insektenmehl lässt sich gut in Backwaren wie Brot oder Kuchen integrieren, ohne die sensorischen Eigenschaften negativ zu beeinflussen und erhöht gleichzeitig deren

Dämpfen [i60]

Grillen [i61]

Nährwert [s109]. Ein selbstgebackenes Insektenbrot kann als Grundlage für ein Sandwich dienen und bietet so eine nährstoffreiche und antientzündliche Alternative zu herkömmlichen Brotsorten. Die Integration von Insektenmehl in die Ernährung könnte somit eine praktische Strategie sein, um auch unterwegs den Prinzipien der antientzündlichen Ernährung treu zu bleiben [s109]. Auch die geschickte Auswahl von Snacks spielt eine Rolle. Insektenbasierte Snacks bieten eine nährstoffreiche Alternative [s109].

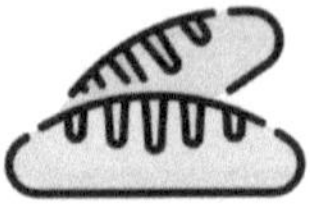

Nüsse [i62]

Gut zu wissen

Insektenmehl

Insektenmehl ist ein pulverisiertes Lebensmittel, das aus gemahlenen Insekten hergestellt wird. Es ist reich an Proteinen, Ballaststoffen und Mikronährstoffen und kann als Zutat in verschiedenen Gerichten verwendet werden, um den Nährwert zu steigern und gleichzeitig Entzündungen zu reduzieren. Im Rahmen einer antientzündlichen Ernährung kann es eine wertvolle Ergänzung darstellen.

Logistik

Im Kontext einer antientzündlichen Ernährung bezieht sich Logistik auf die Planung und Organisation der Mahlzeiten, insbesondere wenn man außer Haus isst oder reist, um sicherzustellen, dass die Ernährungsprinzipien eingehalten werden können.

Sensorisch

Sensorisch beschreibt die Eigenschaften von Lebensmitteln, die durch die Sinne wahrgenommen werden, wie Geschmack, Geruch, Textur und Aussehen. Im Zusammenhang mit antientzündlicher Ernährung ist es wichtig, dass der Ersatz von herkömmlichen Zutaten durch antientzündliche Alternativen die sensorischen Eigenschaften der Speisen nicht negativ beeinflusst, um die Akzeptanz zu gewährleisten.

Entzündungshemmende Mahlzeiten außer Haus

Verteilung der Essensorte für eine entzündungshemmende (alkalische) Ernährung.

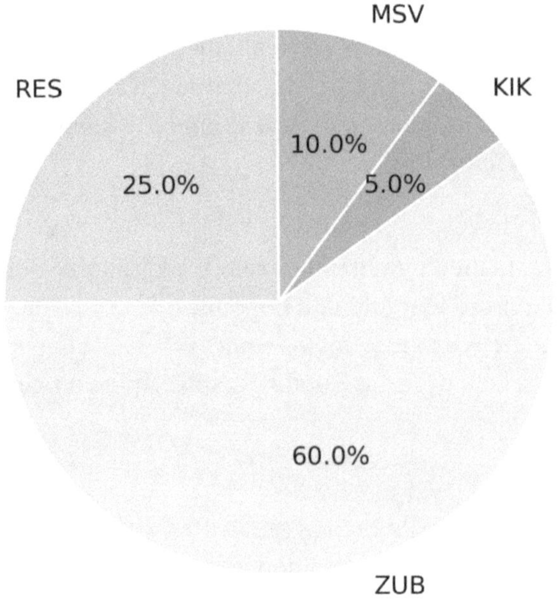

KIK: Kiosk/Fast Food

MSV: Mitgebracht von zu Hause (Arbeit/Reise)

RES: Restaurant (alkalische Optionen)

ZUB: Zu Hause zubereitete Mahlzeiten

Dieses Diagramm zeigt, dass die Konzentration auf zu Hause zubereitete Mahlzeiten der Schlüssel für die Aufrechterhaltung einer entzündungshemmenden Ernährung ist. Obwohl Restaurants mit alkalischen Angeboten zunehmen, ist eine sorgfältige Auswahl entscheidend. Selbst mitgebrachte Mahlzeiten bieten maximale Kontrolle und gewährleisten die Einhaltung der Diät, erfordern jedoch mehr Vorbereitung. Lebensmittelgeschäfte und Fast Food sind aufgrund der begrenzten Auswahl an gesunden Optionen am wenigsten geeignet.

Familiengerechte Anpassung

Familiengerechte Umsetzung einer antientzündlichen Ernährung Die Umstellung auf eine antientzündliche Ernährung im Familienalltag erfordert Anpassungen, die die Bedürfnisse aller Familienmitglieder berücksichtigen. Ein wichtiger Aspekt ist die gemeinsame Planung von Mahlzeiten. Beziehen Sie die Kinder in die Auswahl der Gerichte und die Erstellung des Speiseplans ein. Das fördert nicht nur die Akzeptanz neuer Lebensmittel, sondern vermittelt auch Wissen über gesunde Ernährung [s110]. Besonders die Vorbildfunktion der Eltern beim Verzehr von Obst und Gemüse beeinflusst die Ernährungsgewohnheiten der Kinder positiv [s110]. Kochen Sie gemeinsam, um die Zubereitung der Mahlzeiten zu einer Familienaktivität zu machen und den Kindern die Grundlagen des Kochens beizubringen [s111]. So wird die Küche zum gemeinsamen Erlebnis und nicht zur Belastung [s111].

Achten Sie bei der Auswahl der Lebensmittel auf die Vorlieben der Kinder und gehen Sie auf deren Bedürfnisse ein. Integrieren Sie neue, antientzündliche Lebensmittel schrittweise in den Speiseplan. Beginnen Sie mit kleinen Änderungen, wie dem Austausch von Vollmilch durch fettarme Milchprodukte oder dem Hinzufügen von Gemüse zu gewohnten Gerichten [s112]. So kann etwa eine Pizza mit Spinat, Brokkoli und Paprika belegt werden [s112]. Verwenden Sie Gewürze, um den Geschmack der Speisen zu intensivieren und den Salzkonsum zu reduzieren [s112]. Servieren Sie Speisen ohne zusätzliche Soßen oder Fette, um den Kaloriengehalt zu senken [s112]. Achten Sie auch bei Snacks auf gesunde Alternativen. Eine Tüte fettarmes Popcorn bietet beispielsweise einen längeren Knabberspaß als ein Stück Kuchen und ist gleichzeitig eine kalorienärmere Option [s112]. Berücksichtigen

Pizza [i63]

Sie auch die sozialen und emotionalen Aspekte der Ernährungsumstellung. Kinder können in sozialen Situationen, wie Schulessen oder Geburtstagsfeiern, Schwierigkeiten haben, die Ernährungsrichtlinien einzuhalten [s111]. Bereiten Sie sie auf solche Situationen vor und entwickeln Sie gemeinsam Strategien, um mit diesen Herausforderungen umzugehen [s111]. Ein unterstützendes Umfeld innerhalb der Familie und gegebenenfalls auch im Freundeskreis ist wichtig, um die Motivation der Kinder zu erhalten [s111]. Kulturelle und sprachliche Unterschiede können die Umsetzung einer antientzündlichen Ernährung beeinflussen [s110]. Nutzen Sie kulturell angepasste Informationen und Ressourcen, um die Ernährungsempfehlungen verständlich zu vermitteln und die Akzeptanz zu erhöhen [s110]. Der Austausch mit anderen Familien oder die Teilnahme an Programmen in kirchlichen oder kommunalen Einrichtungen können zusätzliche Unterstützung und Motivation bieten [s110]. Dokumentieren Sie Ihre Essgewohnheiten über eine Woche, um ungesunde Ernährungsmuster zu identifizieren und gezielt Veränderungen vorzunehmen [s112].

Popcorn [i64]

Vollmilch [i65]

Gut zu wissen

Akzeptanz

Die Akzeptanz von neuen Lebensmitteln und Ernährungsformen spielt eine entscheidende Rolle für den langfristigen Erfolg einer antientzündlichen Ernährung. Sie kann durch die Beteiligung der Familie an der Auswahl und Zubereitung der Speisen gefördert werden.

Ernährungsgewohnheiten

Die Ernährungsgewohnheiten einer Familie werden stark von den Vorlieben und Gewohnheiten der Eltern beeinflusst. Eine bewusste Ernährungsumstellung erfordert daher die aktive Beteiligung aller Familienmitglieder.

Ressourcen

Die Nutzung von Ressourcen wie Kochbüchern, Informationsmaterialien oder Online-Plattformen kann die Umsetzung einer antientzündlichen Ernährung erleichtern und neue Inspirationen liefern.

Vorbildfunktion

Eltern haben eine wichtige Vorbildfunktion für ihre Kinder. Indem sie selbst antientzündliche Lebensmittel konsumieren und ein gesundes Essverhalten vorleben, prägen sie die Ernährungsgewohnheiten ihrer Kinder positiv.

Einhaltung der entzündungshemmenden Ernährung

Ausgleich der Aspekte der entzündungshemmenden Ernährung.

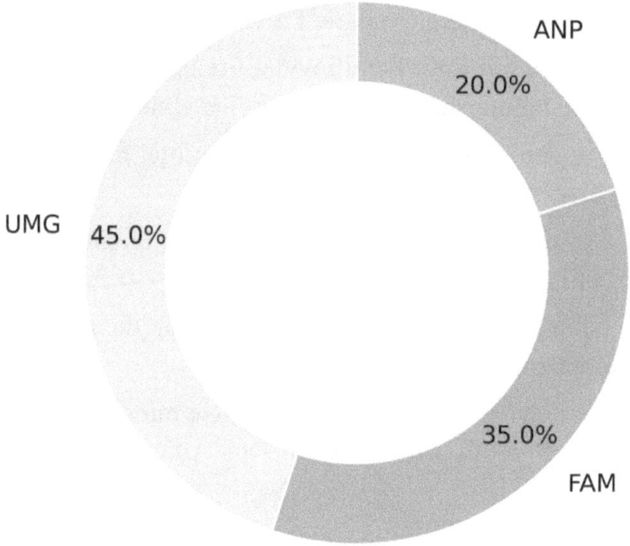

- ANP: Anpassungen
- FAM: Fam. Anpas.
- UMG: Umsetzung

Dieses Diagramm visualisiert die relative Gewichtung verschiedener Aspekte der Einhaltung einer entzündungshemmenden, basischen Ernährung im Alltag. Ein bedeutender Teil widmet sich der praktischen Umsetzung, was die Wichtigkeit unterstreicht, die Ernährung in die typischen Alltagsroutinen zu integrieren. Familienfreundliche Anpassungen nehmen ebenfalls einen erheblichen Anteil ein, was auf die Notwendigkeit hinweist, dass die Ernährung an verschiedene Familienmitglieder und Vorlieben anpassbar sein muss. Schließlich betont die Akzeptanz von Anpassungen die für einen langfristigen Erfolg erforderliche Flexibilität und berücksichtigt, dass Abweichungen vom idealen Plan auftreten können.

Konkrete Ratschläge

- Verknüpfen Sie Ihre neue Ernährungsweise mit einem bestehenden Hobby, um die Umstellung positiv zu verankern.
- Gestalten Sie Ihre Mahlzeiten als kleine Kunstwerke, indem Sie mit Farben und Formen spielen, um die Freude am Essen zu steigern.
- Tauschen Sie sich mit Ihrer Familie oder Freunden über Ihre Ernährungsumstellung aus und bitten Sie um Unterstützung.
- Verbinden Sie den Einkauf gesunder Lebensmittel mit einem schönen Spaziergang oder einer Fahrradtour.
- Hängen Sie inspirierende Bilder von gesunden Gerichten in Ihrer Küche auf, um Ihre Motivation zu stärken.
- Hören Sie beim Kochen Ihre Lieblingsmusik, um die Zubereitung der Mahlzeiten zum Genuss zu machen.
- Belohnen Sie sich für erreichte Zwischenziele mit einem entspannenden Bad oder einem guten Buch – nicht mit ungesunden Lebensmitteln.
- Integrieren Sie kleine Bewegungseinheiten in Ihren Kochalltag, zum Beispiel Kniebeugen während des Kochens.
- Verwenden Sie hochwertige Gewürze und Kräuter, um den Geschmack Ihrer Gerichte zu intensivieren und die Freude am Essen zu steigern.
- Probieren Sie regelmäßig neue, gesunde Rezepte aus, um Ihre Ernährung abwechslungsreich und spannend zu gestalten.
- Feiern Sie Ihre Erfolge bei der Ernährungsumstellung und freuen Sie sich über jedes erreichte Ziel.
- Seien Sie nachsichtig mit sich selbst, wenn Sie mal einen „Ausrutscher“ haben und kehren Sie danach einfach wieder zu Ihrer neuen Ernährungsweise zurück.

5. 2 Nachhaltige Integration

Nachhaltige Integration einer antientzündlichen, basischen Ernährung erfordert mehr als nur die Kenntnis der richtigen Lebensmittel. Herausforderungen liegen in der Veränderung gewohnter Verhaltensmuster und der langfristigen Etablierung neuer Routinen. Dies betrifft die Gestaltung des Alltags, die persönliche Motivation und die Anpassung an den individuellen Biorhythmus. Ungünstige Gewohnheiten, fehlende Motivation und ein gestörter Tagesrhythmus können die Umstellung erschweren. Erfolg basiert auf einem ganzheitlichen Ansatz, der diese Faktoren berücksichtigt. Entdecken Sie in diesem Kapitel, wie Sie die antientzündliche, basische Ernährung nachhaltig in Ihren Alltag integrieren und langfristig von ihren positiven Effekten profitieren.

Nachhaltige Ernährungsumstellung gelingt durch die bewusste Veränderung von Gewohnheiten, realistische Zielsetzung und die Nutzung der eigenen Selbstregulationsfähigkeit, im Einklang mit dem natürlichen Körperrhythmus.

Gewohnheitsbildung

Gewohnheiten bilden die Grundlage für langfristige Ernährungsumstellungen. Sie entstehen durch eine sogenannte Hinweis-Verhalten-Belohnung-Schleife. Ein bestimmter Hinweis, etwa der morgendliche Kaffee, löst ein Verhalten aus – in diesem Fall den Griff zum zuckerreichen Gebäck. Die Belohnung, der süße Geschmack, verstärkt diese Verbindung. Durch Wiederholung in gleichbleibenden Kontexten festigt sich die Assoziation zwischen Hinweis und Verhalten, bis das Verhalten automatisiert abläuft [s113]. Um ungesunde Routinen zu durchbrechen, muss diese Schleife gezielt verändert werden. Anstatt zum Gebäck zu greifen, könnte man nach dem Kaffee einen Apfel essen. Die Süße des Apfels kann, obwohl anders, dennoch als Belohnung empfunden werden und die neue Gewohnheit festigen. Die Annahme, im Alter keine neuen Gewohnheiten mehr erlernen zu können, ist ein Irrtum [s113]. Selbstregulationsfähigkeiten und die Bereitschaft zur Belohnungsverzögerung, also die Fähigkeit, kurzfristige Belohnungen zugunsten langfristiger Vorteile zurückzustellen, sind gerade bei älteren Menschen oft gut ausgeprägt und unterstützen den Prozess [s113]. Langfristige Gesundheitsvorteile, die durch die Ernährungsumstellung eintreten, wirken als Belohnung und tragen zur Festigung bei, auch wenn sie nicht unmittelbar spürbar sind [s113]. Eine personalisierte, langfristige Anpassung, die durch einen systemischen Ansatz unterstützt wird, ist für die nachhaltige Integration von Lebensstiländerungen entscheidend [s114]. Dieser Ansatz berücksichtigt verschiedene Aspekte wie Ernährung, Bewegung und Stressbewältigung [s114]. Motivationswerkzeuge und persönliche Coaching-Ansätze können die nachhaltige Veränderung des Verhaltens fördern [s114]. Verhaltensänderungen sind häufig kurzfristig und ohne Unterstützung schwer aufrechtzuerhalten [s114]. Daher sind längerfristige Interventionen mit verschiedenen Strategien und Folgemaßnahmen notwendig, um die Wirksamkeit zu erhöhen [s114]. Die Verbesserung der Gesundheitskompetenz durch Informationsvermittlung und Schulungen unterstützt die persönliche

Gesundheitsförderung und trägt zu einer erfolgreichen und dauerhaften Ernährungsumstellung bei [s114].

Belohnungsverzögerung [i66]

Gut zu wissen

Belohnungsverzögerung

Belohnungsverzögerung beschreibt die Fähigkeit, kurzfristige Genussmittel zugunsten langfristiger Gesundheitsziele, wie z. B. der Reduktion von Entzündungen durch die Ernährung, zurückzustellen.

Gesundheitskompetenz

Gesundheitskompetenz umfasst das Wissen und die Fähigkeiten, gesundheitsbezogene Informationen zu verstehen und anzuwenden, um fundierte Entscheidungen im Kontext einer antientzündlichen Ernährung zu treffen, z. B. die Auswahl geeigneter Lebensmittel oder die Interpretation von Nährwertangaben.

Gewohnheiten

Im Kontext der antientzündlichen Ernährung sind Gewohnheiten wiederkehrende Verhaltensweisen, die die Auswahl und den Verzehr von entzündungshemmenden Lebensmitteln beeinflussen. Positive Gewohnheiten, wie regelmäßiges Kochen mit frischen Zutaten, fördern langfristig die Gesundheit.

Selbstregulationsfähigkeiten

Selbstregulationsfähigkeiten beziehen sich auf die Kompetenz, Impulse zu kontrollieren und das eigene Verhalten an Zielen auszurichten. Im Kontext der antientzündlichen Ernährung helfen diese Fähigkeiten, ungesunde Ernährungsmuster zu durchbrechen und langfristig eine entzündungshemmende Ernährungsweise beizubehalten.

Anpassung an alkalische Ernährung

Veranschaulicht typische pH-Wert-Veränderungen während der Umstellung auf eine alkalische Ernährung.

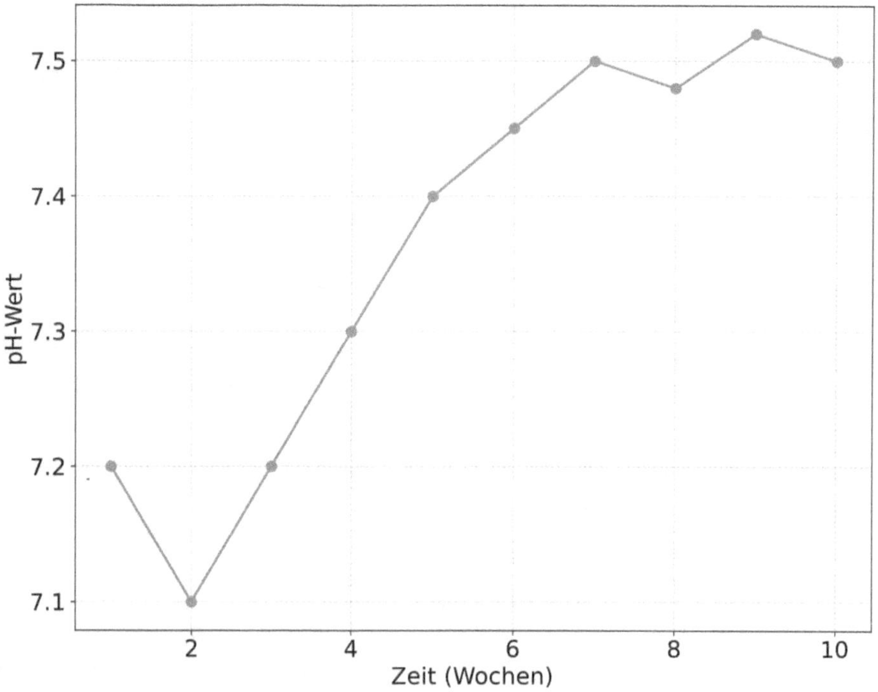

Der anfängliche Abfall deutet auf eine Entgiftungsphase hin, während sich der Körper anpasst. Der anschließende Anstieg und die Stabilisierung zeigen eine erfolgreiche Integration der alkalischen Ernährung, die zu einem ausgewogeneren pH-Wert führt. Schwankungen sind während der Anpassung normal und die langfristige Einhaltung ist der Schlüssel für einen nachhaltigen Nutzen.

Motivationsstrategien

Motivation ist der Schlüssel für eine dauerhafte Ernährungsumstellung. Erfolgreiche Strategien setzen an verschiedenen Punkten an und berücksichtigen sowohl die individuellen Bedürfnisse als auch die zugrundeliegenden psychologischen Mechanismen. Ein wichtiger Faktor ist die bewusste Gestaltung der Umgebung. Werden Auslöser für ungesunde Ernährungsweisen minimiert und stattdessen gesunde Alternativen leicht zugänglich gemacht, fällt die Umsetzung leichter. So könnten z.B. Obst und Gemüse griffbereit im Kühlschrank aufbewahrt und stark verarbeitete Lebensmittel aus dem Haushalt entfernt werden. Ein weiterer Ansatzpunkt ist die Selbstwirksamkeit, also die Überzeugung, Veränderungen erfolgreich umsetzen zu können [s115]. Diese kann durch realistische Zielsetzung und das Erleben von Teilerfolgen gestärkt werden. Beginnt man z.B. mit kleinen, erreichbaren Schritten, wie dem täglichen Verzehr einer Portion Gemüse und steigert diese allmählich, erfährt man positive Bestätigung und stärkt das Vertrauen in die eigenen Fähigkeiten. Auch soziale Unterstützung spielt eine entscheidende Rolle. Der Austausch mit Gleichgesinnten, sei es in Selbsthilfegruppen oder online, bietet die Möglichkeit, Erfahrungen zu teilen, Motivation zu schöpfen und sich gegenseitig zu ermutigen. Zusätzlich kann die Verknüpfung der

Bauernmarkt [i67]

Gemüse [i68]

Ernährungsumstellung mit anderen positiven Aspekten des Lebens die Motivation fördern. Werden z.B. gemeinsame Kochabende mit Freunden oder der Besuch eines Bauernmarktes integriert, verbindet man die gesunde Ernährung mit positiven Erlebnissen und sozialer Interaktion. Schließlich ist es wichtig, sich der eigenen Fortschritte bewusst zu werden und diese zu würdigen. Ein Ernährungstagebuch oder eine App können dabei helfen, den Überblick zu behalten und Erfolge zu visualisieren. Die bewusste Reflexion der positiven Veränderungen, wie z.B. gesteigerte Energie oder ein verbessertes Wohlbefinden, stärkt die Motivation und fördert die langfristige Integration der antientzündlichen Ernährung in den Alltag [s115]. Die Anpassung der Ernährungsempfehlungen an die individuellen Bedürfnisse und das Verständnis jedes Einzelnen ist dabei zentral [s115].

Obst [i69]

Gut zu wissen

Ernährungsumstellung

Eine Ernährungsumstellung im Sinne der antientzündlichen Ernährung bedeutet, die Ernährung langfristig so zu verändern, dass sie Entzündungen reduziert und die Gesundheit fördert. Dies beinhaltet die Auswahl entzündungshemmender Lebensmittel und die Vermeidung entzündungsauslösender Lebensmittel.

Selbstwirksamkeit

Selbstwirksamkeit im Kontext einer antientzündlichen Ernährung bedeutet, daran zu glauben, dass man seine Ernährung dauerhaft umstellen und Entzündungen im Körper durch die Ernährung positiv beeinflussen kann. Eine hohe Selbstwirksamkeit erleichtert die Umsetzung und den Erhalt der Ernährungsumstellung.

Motivation für basische Ernährung

Wirksamkeit von Motivationsstrategien für die langfristige Einhaltung einer basischen Ernährung.

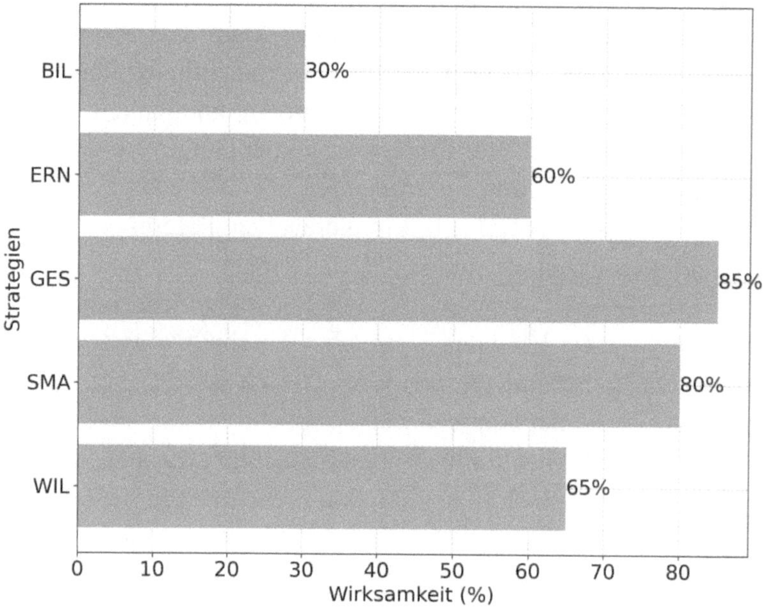

BIL: Bildung

ERN: Ernährungspläne

GES: Soziale Unterstützung

SMA: Geschmacksanpassung

WIL: Willenskraft

Soziale Unterstützung und personalisierte Ernährungspläne scheinen die effektivsten Strategien zur Aufrechterhaltung einer basischen Ernährung zu sein, während sich das alleinige Verlassen auf Willenskraft als weniger vielversprechend erweist. Bildungsressourcen und Geschmacksanpassung spielen ebenfalls eine wichtige Rolle, was darauf hindeutet, dass ein vielschichtiger Ansatz der Schlüssel für eine erfolgreiche Integration ist.

Rhythmisierung

Rhythmisierung spielt eine wichtige Rolle bei der Integration einer antientzündlichen Ernährungsweise. Der menschliche Körper folgt einem natürlichen Tagesrhythmus, dem circadianen Rhythmus, der zahlreiche Stoffwechselprozesse beeinflusst. Eine Abstimmung der Nahrungsaufnahme auf diesen Rhythmus kann die Effektivität der Ernährungsumstellung fördern [s116]. So beeinflusst der circadiane Rhythmus unter anderem die Insulinempfindlichkeit und den Blutzuckerspiegel. Durch die Einhaltung regelmäßiger Essenszeiten, die mit dem eigenen Rhythmus harmonieren, kann die Regulation dieser Werte optimiert werden [s116]. Ein geregelter Tagesablauf mit festen Schlaf- und Essenszeiten unterstützt die innere Uhr und kann so zu einem verbesserten Stoffwechselgleichgewicht beitragen [s116]. Konkret kann das bedeuten, täglich innerhalb eines bestimmten Zeitfensters zu essen und die restliche Zeit zu fasten (intermittierendes Fasten). So könnte man beispielsweise zwischen 8 Uhr morgens und 16 Uhr nachmittags alle Mahlzeiten zu sich nehmen und danach bis zum nächsten Morgen fasten. Dies ist jedoch nur eine Möglichkeit und die optimale Rhythmisierung sollte individuell angepasst werden.

Ein gestörter circadianer Rhythmus, verursacht durch unregelmäßige Essenszeiten oder Schichtarbeit, kann hingegen zu metabolischen Störungen führen [s116]. Daher ist es ratsam, langfristig auf einen geregelten Tagesablauf zu achten, der die natürlichen Körperrhythmen unterstützt und so die Integration der antientzündlichen Ernährung erleichtert.

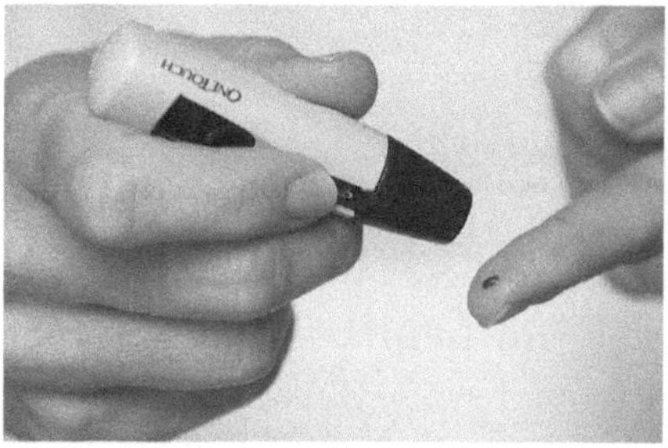

Blutzucker [i70]

Gut zu wissen

Intermittierendes Fasten

Eine Ernährungsform, bei der die Nahrungsaufnahme auf bestimmte Zeitfenster beschränkt ist und in den restlichen Stunden gefastet wird. In Kombination mit antientzündlichen Lebensmitteln kann dies die Zellregeneration fördern und Entzündungsprozesse reduzieren.

Metabolischen Störungen

Störungen im Stoffwechsel des Körpers, die durch Faktoren wie unausgewogene Ernährung, Bewegungsmangel oder gestörten circadianen Rhythmus verursacht werden können. Eine antientzündliche Ernährung in Kombination mit einem geregelten Tagesrhythmus kann dazu beitragen, metabolische Störungen zu vermeiden oder zu verbessern.

Stoffwechselgleichgewicht

Ein Zustand, in dem alle Stoffwechselprozesse im Körper optimal funktionieren. Eine antientzündliche Ernährung, kombiniert mit einem geregelten Tagesablauf und der Berücksichtigung des circadianen Rhythmus, kann das Stoffwechselgleichgewicht fördern und so die Gesundheit verbessern.

Rhythmus und Nachhaltigkeit bei entzündungshemmenden Ernährungsweisen

Erfolgsparameter der Integration von basenbildenden, entzündungshemmenden Ernährungsweisen, die Rhythmus, Adhärenz und Entzündungsreduktion korrelieren.

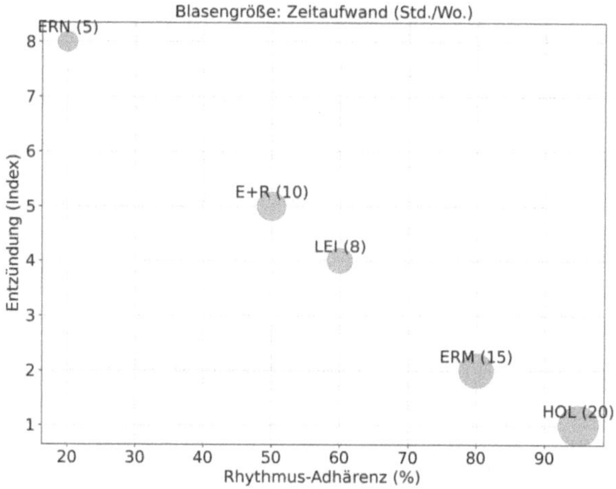

Blasengröße: Zeitaufwand (Std./Wo.)

E+R: Ernährung und Rhythmus

ERM: Ernährung, Rhythmus und Achtsamkeit

ERN: Nur Basis-Ernährung

HOL: Ganzheitlicher Ansatz (Ernährung, Rhythmus, Achtsamkeit, Schlaf, Stressbewältigung)

LEI: Fokus auf einfache Integration

Eine höhere Adhärenz an rhythmische Ernährungsmuster korreliert mit einer stärkeren Entzündungsreduktion, insbesondere in Kombination mit achtsamen Praktiken. Während der anfängliche Zeitaufwand für die Mahlzeitenzubereitung mit zunehmender Adhärenz höher ist, deuten die langfristigen gesundheitlichen Vorteile, die sich in einer reduzierten Entzündung widerspiegeln, auf einen lohnenden Kompromiss hin. Die Priorisierung von Schlaf und Stressbewältigung neben Ernährungsumstellungen verstärkt die positive Wirkung. Die Konzentration auf zugängliche und angenehme Praktiken führt zu einer besseren Adhärenz und langfristigem Erfolg.

Konkrete Ratschläge

- Verbinden Sie Ihre Ernährungsumstellung mit einem konkreten Ziel, beispielsweise der Teilnahme an einem Kochkurs oder einer Wanderung.
- Schaffen Sie sich feste Ankerpunkte im Alltag, die Ihre neue Ernährungsweise unterstützen, wie ein gemeinsames Abendessen mit der Familie.
- Reflektieren Sie Ihre Emotionen und Bedürfnisse vor dem Essen, um bewusster auszuwählen, was Ihrem Körper guttut.
- Entwickeln Sie ein persönliches Belohnungssystem für erreichte Meilensteine, das nichts mit Essen zu tun hat, wie ein Kinobesuch oder ein neues Buch.
- Integrieren Sie die Zubereitung gesunder Mahlzeiten als festen Bestandteil Ihrer Wochenplanung, ähnlich wie einen wichtigen Termin.
- Tauschen Sie ungesunde Lebensmittel im Supermarktregal gedanklich gegen gesunde Alternativen aus, um Gewohnheiten zu durchbrechen.
- Verwandeln Sie das Kochen in ein sinnliches Erlebnis, indem Sie frische Kräuter und Gewürze bewusst riechen und schmecken.
- Suchen Sie sich einen „Ernährungspartner", mit dem Sie sich austauschen und gegenseitig motivieren können.
- Nutzen Sie die Natur als Inspirationsquelle: Beobachten Sie die saisonalen Veränderungen und passen Sie Ihre Ernährung entsprechend an.
- Entwickeln Sie eine achtsame Beziehung zu Ihrem Körper und lernen Sie, seine Signale für Hunger und Sättigung wahrzunehmen.
- Visualisieren Sie Ihren Erfolg und stellen Sie sich vor, wie Sie sich mit Ihrer neuen Ernährungsweise fühlen werden.

5. 3 Qualitätssicherung

Die Qualitätssicherung bei einer Ernährungsumstellung beeinflusst maßgeblich den Erfolg und das Wohlbefinden. Falsche Zubereitung oder Lagerung kann wertvolle Nährstoffe zerstören und die positiven Effekte der antientzündlichen, basischen Ernährung mindern. Auch die Auswahl der Lebensmittel, von der Herkunft bis zur Verarbeitung, spielt eine entscheidende Rolle für den Nährstoffgehalt und die Bioverfügbarkeit. Die Optimierung dieser Prozesse stellt sicher, dass der Körper bestmöglich von der Ernährungsumstellung profitiert und Entzündungsprozesse effektiv reduziert werden. Entdecken Sie im Folgenden, wie Sie die Qualität Ihrer Ernährung gezielt verbessern und Ihre Gesundheit nachhaltig stärken.

Für eine optimale antientzündliche Ernährung ist nicht nur die Auswahl der Lebensmittel entscheidend, sondern auch die Art ihrer Zubereitung und Verarbeitung, um den maximalen Nährstoffgehalt und die Bioverfügbarkeit zu gewährleisten.

Lebensmittelauswahl

Lebensmittelauswahl bei einer antientzündlichen Ernährung zielt darauf ab, Lebensmittel zu wählen, die Entzündungsprozesse im Körper minimieren und das allgemeine Wohlbefinden fördern. Ein Fokus liegt auf dem Verzehr von Obst und Gemüse, die reich an antioxidantien, Ballaststoffen und Vitaminen sind. Diese Nährstoffe wirken entzündungshemmend und tragen zu einer verbesserten Lungenfunktion bei [s117]. So kann etwa der tägliche Verzehr eines bunten Salats mit verschiedenen Gemüsesorten und etwas Obst dazu beitragen, die Nährstoffzufuhr zu optimieren. Beachten Sie, dass rohes Gemüse im Vergleich zu gekochtem Gemüse oft mehr entzündungshemmende Eigenschaften besitzt [s117].

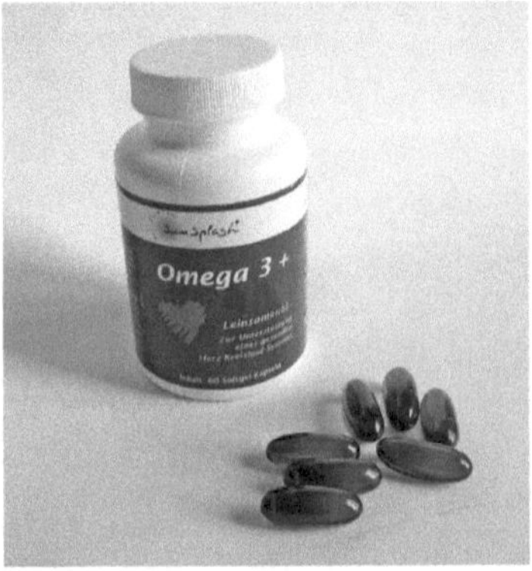

Omega-3-Fettsäuren [i71]

Neben Obst und Gemüse sind auch Lebensmittel mit omegafettsaeuren, wie Fisch und Nüsse, wichtig. Omega-3-Fettsäuren wirken sich positiv auf Stimmung, Verhalten und Impulskontrolle aus [s118]. Gleichzeitig sollte der Konsum von Milchprodukten reduziert werden, da diese mit einem erhöhten Asthmarisiko und einer Verschlechterung der Symptome in Verbindung gebracht werden [s117].

Vollkornprodukte [i72]

Eine Ernährung, die reich an tierischen Produkten und arm an pflanzlichen Lebensmitteln ist, korreliert mit einer erhöhten Asthma-Prävalenz [s117]. Umgekehrt sind pflanzenbasierte Ernährungsformen, die Obst, Gemüse und Vollkornprodukte hervorheben, mit einem geringeren Asthmarisiko und einer verbesserten Symptomkontrolle verbunden [s117]. Achten Sie auf eine ausreichende Flüssigkeitszufuhr, da Dehydration zu Stimmungsschwankungen wie Depressionen, Verwirrtheit und Gereiztheit führen kann [s118]. Die gezielte Lebensmittelauswahl beeinflusst nicht nur die körperliche Gesundheit,

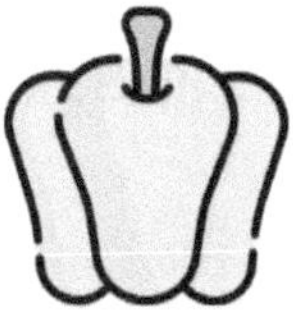

sondern auch das psychische Wohlbefinden. Studien zeigen einen Zusammenhang zwischen dem Konsum von Obst und Gemüse und einer Verringerung von Stress und depressiven Symptomen [s118]. Antioxidantienreiche Lebensmittel können die Stimmung heben, Spannungen reduzieren und vor Angstzuständen schützen [s118]. Eine ausgewogene Ernährung mit viel Obst, Gemüse, Vollkornprodukten, Nüssen, Fisch und ausreichend Wasser unterstützt somit sowohl die körperliche als auch die psychische Gesundheit.

Basenbildender Wert von Lebensmitteln

Vergleich gängiger Lebensmittel nach ihrem potenziell basenbildenden Effekt auf den Körper.

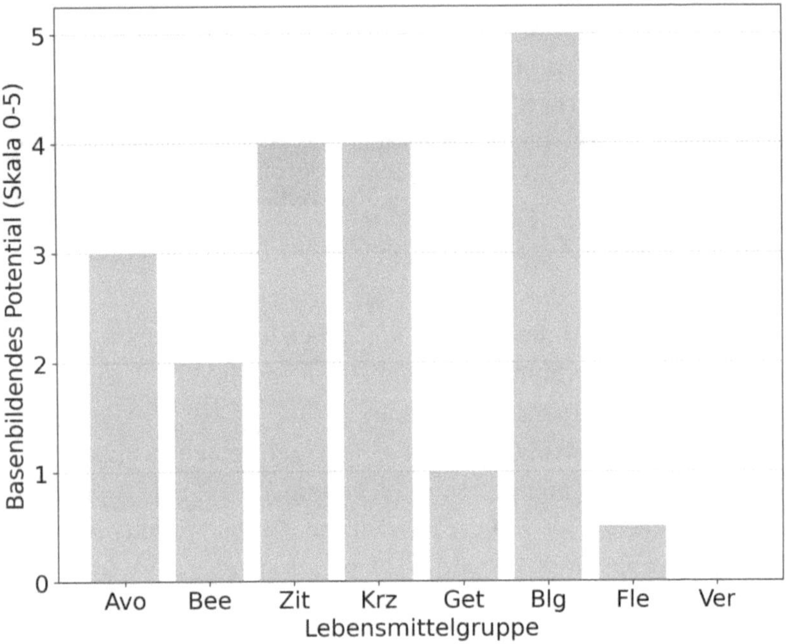

Avo: Avocado

Bee: Beeren (Erdbeeren, Heidelbeeren)

Blg: Blattgemüse (Spinat, Grünkohl)

Fle: Fleisch/Geflügel

Get: Getreide (Reis, Weizen)

Krz: Kreuzblütler (Brokkoli, Blumenkohl)

Ver: Verarbeitete Lebensmittel

Zit: Zitrusfrüchte (Zitrone, Limette)

Blattgemüse, Kreuzblütler und bestimmte Früchte wie Zitronen und Avocados haben in der Regel ein höheres basenbildendes Potenzial als verarbeitete Lebensmittel, Getreide und tierische Produkte. Dies deutet darauf hin, dass eine Ernährung, die reich an Obst und Gemüse, insbesondere Blattgemüse, ist, zu einem basischeren Milieu im Körper beitragen könnte. Die individuellen Reaktionen auf Lebensmittel können jedoch variieren und eine ausgewogene Ernährung ist für die allgemeine Gesundheit entscheidend.

Zubereitungsqualität

Die Art der Zubereitung beeinflusst den Nährstoffgehalt und die entzündungshemmenden Eigenschaften von Lebensmitteln. Schonende Garmethoden, wie Dünsten oder Blanchieren, erhalten Vitamine und sekundaere_pflanzenstoffe besser als langes Kochen bei hohen Temperaturen. So bleiben beispielsweise beim kurzen Dünsten von Brokkoli wertvolle Inhaltsstoffe wie sulforaphan erhalten, die bei zu langem Kochen verloren gehen können [s119]. Auch die Wahl des Kochmediums ist relevant. Die Verwendung von hochwertigen Ölen, wie Olivenöl, kann die Aufnahme fettlöslicher Vitamine unterstützen und gleichzeitig entzündungshemmende Effekte verstärken. Vermeiden Sie hingegen stark verarbeitete Fette und Öle, die Entzündungsprozesse fördern können. Die Zubereitung sollte zudem zeitsparend und praktikabel sein, um die Umsetzung im Alltag zu erleichtern [s120]. Schneiden Sie Gemüse und Obst beispielsweise bereits vor und bewahren Sie es portionsweise im Kühlschrank auf, um die Zubereitung von Mahlzeiten und Snacks zu beschleunigen. Eine gut geplante und vorbereitete Zubereitung trägt entscheidend zur langfristigen Einhaltung der Ernährungsrichtlinien bei und

Brokkoli [i73]

Olivenöl [i74]

maximiert den gesundheitlichen Nutzen der antientzündlichen Ernährung. Durch die Teilnahme an Kochkursen, wie sie in einigen Studien angeboten werden, können praktische Fertigkeiten und Kenntnisse zur optimalen Zubereitung vermittelt werden [s119].

Qualitätssicherung bei der entzündungshemmenden alkalischen Ernährung

Verteilung der Qualitätsaspekte bei entzündungshemmenden alkalischen Ernährungsweisen.

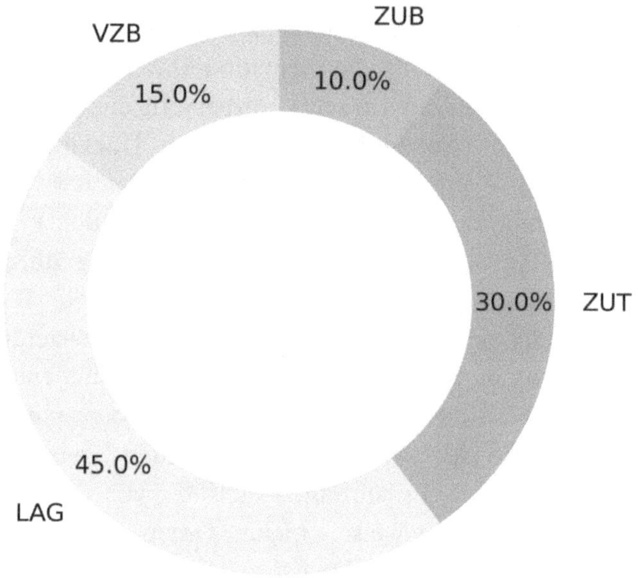

LAG: Lagerung (Geeignete Methoden)
VZB: Zubereitung (Schonendes Kochen)
ZUB: Zusammenstellung (Ausgewogene Mahlzeiten)
ZUT: Zutatenbeschaffung (Bio, Regional)

Die Visualisierung unterstreicht die Bedeutung der Zutatenbeschaffung und der Zubereitungsmethoden für die Aufrechterhaltung eines alkalischen Gleichgewichts. Ein erheblicher Teil konzentriert sich auf die richtigen Kochtechniken, um die Nährstoffdichte zu erhalten und saure Nebenprodukte zu minimieren. Während die Beschaffung eine wichtige Rolle spielt, legt die Betonung der Zubereitung nahe, dass selbst hochwertige Zutaten ihre positiven Eigenschaften verlieren können, wenn sie nicht richtig behandelt werden. Dies unterstreicht die Notwendigkeit einer achtsamen Lebensmittelzubereitung im Rahmen einer alkalischen Ernährung.

Nährstofferhalt

Nährstoffe in Lebensmitteln bleiben nicht unter allen Bedingungen optimal erhalten. Verarbeitungsmethoden beeinflussen die Nährstoffqualität und bioverfuegbarkeit maßgeblich. Wie bei Pollen [s121] verdeutlichen auch andere Lebensmittel, dass schonende Verfahren den Nährstoffgehalt besser bewahren. Während Fermentation die Pollen-Exine modifiziert und bioaktive Substanzen freisetzt, verbessern enzymatische Hydrolyse und Ultraschall die Nährstoffaufnahme. Die Trocknung – etwa durch Gefriertrocknung – erhält die Stabilität und Qualität, wobei die Wahl des Verfahrens die Erhaltung hitzeempfindlicher Verbindungen beeinflusst [s121]. Ähnlich schützt die Verkapselung ätherischer Öle mit ionotroper Gelierung vor Abbau und verbessert die Bioverfügbarkeit [s122]. Qualitätskontrollen, wie Filtration und Konzentration, sichern die Produktqualität. Die gezielte Auswahl und schonende Verarbeitung von Lebensmitteln – sei es durch Fermentation oder Gefriertrocknung – erhält somit wertvolle Nährstoffe und bioaktive Komponenten für eine gesundheitsfördernde Ernährung. Fleisch von Weidetieren bietet beispielsweise mehr Omega-3-Fettsäuren und ein besseres Omega-6/3-Verhältnis als konventionell erzeugtes Fleisch [s123]. Die Fütterung und Haltung beeinflussen die Nährstoffzusammensetzung und -qualität. Frisches Futter und Weidegang verbessern den Nährstofferhalt und die Fettsäureprofile [s123]. Eine Ernährung mit solchen hochwertigen Lebensmitteln kann Entzündungsprozesse minimieren und das Wohlbefinden steigern.

Weidehaltung [i75]

Gut zu wissen

Gefriertrocknung

Ist ein Verfahren zur schonenden Trocknung von Lebensmitteln, bei dem das Wasser durch Sublimation entfernt wird. Dadurch bleiben Nährstoffe und Aromen besser erhalten und die Haltbarkeit der Lebensmittel wird verlängert, was die Qualität der entzündungshemmenden Ernährung unterstützt.

Ionotrop

Bezieht sich auf Substanzen, die durch die Anwesenheit von Ionen ihre Eigenschaften verändern, z.B. ihre Löslichkeit oder ihre Fähigkeit, Gele zu bilden. Ionotrope Gelierung kann verwendet werden, um empfindliche Nährstoffe zu verkapseln und ihre Stabilität und Bioverfügbarkeit zu verbessern, was für eine entzündungshemmende Ernährung von Vorteil ist.

Verkapselung

Bedeutet, empfindliche Substanzen wie ätherische Öle in eine schützende Hülle einzuschließen. Dies schützt sie vor Oxidation und Abbau und kann ihre Bioverfügbarkeit im Körper erhöhen, was für die entzündungshemmende Wirkung wichtig ist.

Nährstoffrückhalt über die Zeit

Nährstoffverlust in verschiedenen Lebensmitteln im Laufe der Zeit.

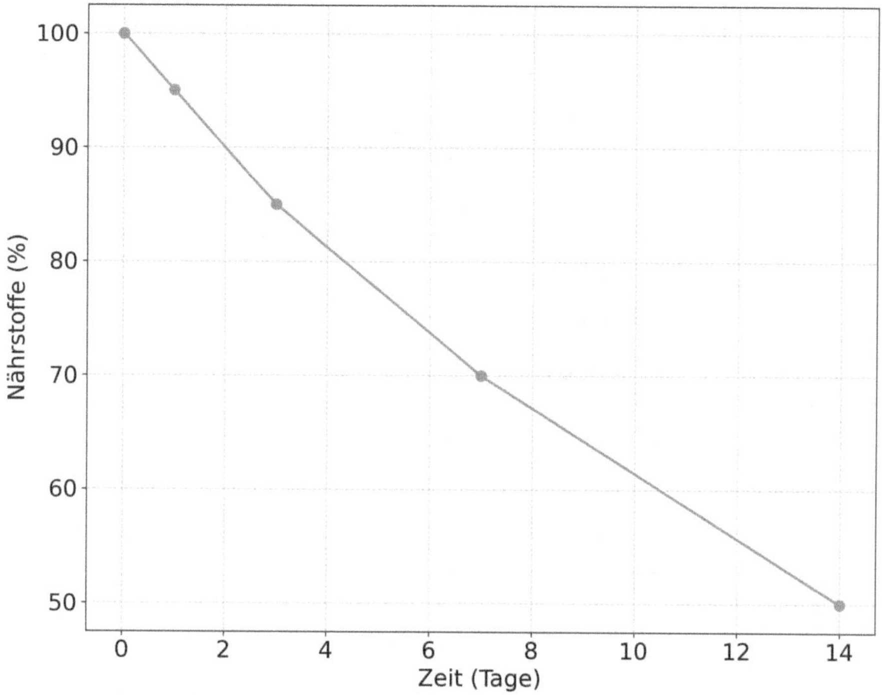

Die Daten zeigen einen allgemeinen Trend abnehmender Nährstoffgehalte mit zunehmender Lagerzeit. Dies unterstreicht die Bedeutung des schnellen Verzehrs frischer Produkte, um den Nährwert zu maximieren. Verschiedene Lebensmittelgruppen weisen unterschiedliche Nährstoffabbauraten auf, was darauf hindeutet, dass spezifische Lagerstrategien erforderlich sein können, um die Konservierung zu optimieren. Der stärkste Rückgang tritt in den ersten Tagen auf, was die Bedeutung eines sofortigen Verzehrs oder geeigneter Konservierungstechniken nach der Ernte oder dem Kauf unterstreicht.

Konkrete Ratschläge

- Führen Sie ein Ernährungstagebuch, in dem Sie nicht nur Ihre Mahlzeiten, sondern auch Ihre Stimmung und Ihr Energielevel dokumentieren, um Zusammenhänge zwischen Ernährung und Wohlbefinden zu erkennen.
- Erstellen Sie eine Checkliste für die Qualitätssicherung Ihrer Ernährungsumstellung, die Sie regelmäßig überprüfen, um langfristig Ihre Ziele zu erreichen.
- Entwickeln Sie ein persönliches Frühwarnsystem für kritische Situationen, die Ihre Ernährungsumstellung gefährden könnten und überlegen Sie sich im Voraus passende Lösungsstrategien.
- Analysieren Sie Ihre bisherigen Essgewohnheiten und identifizieren Sie wiederkehrende Muster, die Sie bei der Ernährungsumstellung berücksichtigen müssen.
- Definieren Sie klare Qualitätskriterien für Ihre Ernährung, beispielsweise die Verwendung frischer, saisonaler und regionaler Lebensmittel und überprüfen Sie regelmäßig, ob Sie diese Kriterien einhalten.
- Entwickeln Sie ein Notfallpaket für schwierige Situationen, das gesunde Snacks und Getränke enthält, um Verführungen zu widerstehen.
- Schaffen Sie sich eine unterstützende Umgebung für Ihre Ernährungsumstellung, indem Sie Ihr Zuhause mit gesunden Lebensmitteln füllen und ungesunde Lebensmittel aus dem Blickfeld räumen.
- Integrieren Sie die Qualitätssicherung Ihrer Ernährungsumstellung in Ihre tägliche Routine, indem Sie beispielsweise jeden Abend kurz Ihre Mahlzeiten planen und vorbereiten.

Rückblick - 5. Optimierung der Ernährungsumstellung

Eine erfolgreiche Ernährungsumstellung hin zu einer antientzündlichen, basischen Kost erfordert mehr als nur theoretisches Wissen. Es geht darum, nachhaltige Gewohnheiten zu etablieren, die sich harmonisch in Ihren Alltag integrieren lassen. Dabei spielen neben der Auswahl der Lebensmittel auch Aspekte wie Zeitmanagement, Zubereitung und die Berücksichtigung individueller Bedürfnisse eine entscheidende Rolle. Die Optimierung dieses Prozesses beginnt mit einer realistischen Selbsteinschätzung und der Definition klarer, erreichbarer Ziele. Überfordern Sie sich nicht mit radikalen Veränderungen, sondern beginnen Sie mit kleinen Schritten, die Sie konsequent umsetzen können. Integrieren Sie beispielsweise zunächst mehr frisches Gemüse und Obst in Ihre Mahlzeiten und reduzieren Sie schrittweise den Konsum verarbeiteter Lebensmittel. Dokumentieren Sie Ihre Fortschritte, um Ihre Erfolge sichtbar zu machen und Ihre Motivation zu stärken.

Die Planung und Organisation sind zentrale Elemente für den Erfolg Ihrer Ernährungsumstellung. Erstellen Sie wöchentliche Speisepläne, die Ihre Vorlieben und Ihren Zeitplan berücksichtigen. Das Vorkochen größerer Mengen und das Nutzen von Küchengeräten wie Dampfgarer oder Slow Cooker können Ihnen wertvolle Zeit sparen und die tägliche Essenszubereitung erleichtern. Auch für Mahlzeiten außer Haus sollten Sie planen und gegebenenfalls gesunde Snacks vorbereiten, um ungesunden Alternativen vorzubeugen. Seien Sie kreativ und experimentieren Sie mit neuen Rezepten und Zubereitungsmethoden, um die Ernährungsumstellung spannend und abwechslungsreich zu gestalten. Der Austausch mit Gleichgesinnten in Online-Foren oder lokalen Gruppen kann Ihnen zusätzliche Inspiration und Unterstützung bieten.

Besonders im Familienalltag erfordert die Umstellung auf eine antientzündliche Ernährung ein sensibles Vorgehen. Beziehen Sie Ihre Familie in den Prozess ein und berücksichtigen Sie die Bedürfnisse aller Mitglieder. Das gemeinsame Kochen und die spielerische Einführung neuer Lebensmittel können die Akzeptanz fördern und ein positives Essverhalten prägen. Seien Sie sich Ihrer Vorbildfunktion bewusst und gestalten Sie die Mahlzeiten zu einem gemeinsamen, positiven Erlebnis. Auch kulturelle und sprachliche Hintergründe sollten bei der Auswahl und Zubereitung der Speisen berücksichtigt werden. Scheuen Sie sich nicht, auf kulturell angepasste Ressourcen zurückzugreifen, um die Ernährungsempfehlungen verständlich zu vermitteln.

Die Etablierung neuer Ernährungsgewohnheiten ist ein Prozess, der Zeit und Geduld erfordert. Verankern Sie positive Routinen, indem Sie beispielsweise ungesunde Snacks durch gesunde Alternativen ersetzen und diese bewusst mit positiven Erlebnissen verknüpfen. Feiern Sie Ihre Erfolge und lassen Sie sich von Rückschlägen nicht entmutigen. Je besser Sie Ihre individuellen Bedürfnisse und Herausforderungen verstehen, desto leichter wird es Ihnen fallen, die antientzündliche Ernährung langfristig in Ihren Lebensstil zu integrieren und von den positiven Auswirkungen auf Ihre Gesundheit und Ihr Wohlbefinden zu profitieren. Sie haben die Fähigkeit, Ihre Ernährung positiv zu verändern – nutzen Sie sie!

Kostenlose Zusatzangebote in Planung

Wir freuen uns, Ihnen künftig ergänzende kostenlose Materialien zu diesem Buch anbieten zu können:

- Ein exklusives Bonuskapitel mit zusätzlichen Inhalten
- Eine kompakte Zusammenfassung des gesamten Buches im PDF-Format
- Eine Hörspiel Version (In Planung)

Die Veröffentlichung dieser Materialien ist für 2025 geplant.
Besuchen Sie gerne schon heute unsere Website. Sobald unser Newsletter-Service startet (voraussichtlich 2025), können Sie sich dort für Updates registrieren und verpassen keine Neuigkeiten zu den kostenlosen Zusatzangeboten.

www.SaageBooks.com/de/
antientzuendliche_ernaehrung-bonus-CZK99J

Liebe Leserinnen, liebe Leser,

Wir fühlen uns sehr geehrt, dass Sie sich die Zeit genommen haben, unser Buch von Anfang bis Ende zu lesen. Unser größter Wunsch ist es, Ihnen wertvolle Erkenntnisse und praktische Hilfestellungen mit auf den Weg zu geben. Ihr Vertrauen in unsere Arbeit bedeutet uns sehr viel. Wir hoffen, die Lektüre war für Sie bereichernd. Sollten Sie Fragen oder Anregungen haben, können Sie uns gerne über unsere Website kontaktieren.

Wenn Ihnen dieses Buch gefallen hat, würden wir uns sehr über eine ehrliche Rezension freuen. Sie können Ihre ehrliche Bewertung ganz einfach auf der Verkaufsplattform hinterlassen, über die Sie das Buch erworben haben.
Vielen Dank für Ihre Unterstützung!

Bendis Saage

Saage Media GmbH - Team

www.SaageBooks.com/de

Entdecken Sie mehr! Auf unserer Verlagswebsite erwartet Sie eine vielfältige Auswahl an weiteren Büchern. Neben kostenlosen Inhalten und exklusiven Bonusmaterialien finden Sie dort auch vertiefende Informationen zu unseren Werken. Stöbern Sie durch unser umfangreiches digitales Angebot und lassen Sie sich von zusätzlichen Leseerlebnissen inspirieren.

www.SaageBooks.com/de

Quellen

Unser aufrichtiger Dank gilt allen Autoren der zitierten wissenschaftlichen und nicht-wissenschaftlichen Quellen, den Betreibern der referenzierten Internetseiten sowie den Urhebern der verwendeten Bilder, Grafiken und Studien, deren wertvolle Arbeiten zur Entstehung dieses Buches beigetragen haben.
Für weitere Informationen empfehlen wir Ihnen, die Quellen-Websites zu besuchen.
Sollten Sie Fehler bei der Zuordnung oder andere Unstimmigkeiten entdecken, kontaktieren Sie uns bitte.

Alle Quellen wurden zuletzt aufgerufen am: 2025-02-18

[s1] - https://pmc.ncbi.nlm.nih.gov/articles/PMC8068854/

Autor:	Mrinal Samtiya, Rotimi E Aluko, Tejpal Dhewa, José Manuel Moreno-Rojas	**Titel:**	Potential Health Benefits of Plant Food-Derived Bioactive Components: An Overview
DOI:	10.3390/foods10040839	**Datum:**	2021 Apr 12
Webseite:	PubMed Central (PMC)	**Publisher:**	MDPI

[s2] - https://pmc.ncbi.nlm.nih.gov/articles/PMC6432691/

Autor:	Anderson Junger Teodoro	**Titel:**	Bioactive Compounds of Food: Their Role in the Prevention and Treatment of Diseases
von:	Universidade Federal do Estado do Rio de Janeiro (UNIRIO), Laboratory of Functional Foods, Rio de Janeiro, Brazil	**DOI:**	10.1155/2019/3765986
Datum:	2019 Mar 11	**Webseite:**	PubMed Central (PMC)
Publisher:	Oxidative Medicine and Cellular Longevity		

[s3] - https://pmc.ncbi.nlm.nih.gov/articles/PMC10295324/

Autor:	Marta Pelczyńska, Małgorzata Moszak, Agnieszka Wesołek, Paweł Bogdański	**Titel:**	The Preventive Mechanisms of Bioactive Food Compounds against Obesity-Induced Inflammation
von:	Poznan University of Medical Sciences	**DOI:**	10.3390/antiox12061232
Datum:	2023 Jun 7	**Webseite:**	PubMed Central (PMC)
Publisher:	MDPI		

[s4] - https://pmc.ncbi.nlm.nih.gov/articles/PMC11357610/

Autor:	Sophie M van Zonneveld, Ellen J van den Oever, Benno C M Haarman, Emmy L Grandjean, Jasper O Nuninga, Ondine van de Rest, Iris E C Sommer	**Titel:**	An Anti-Inflammatory Diet and Its Potential Benefit for Individuals with Mental Disorders and Neurodegenerative Diseases—A Narrative Review
von:	University Medical Center Groningen, University of Groningen, Wageningen University & Research	**DOI:**	10.3390/nu16162646
Datum:	2024 Aug 10	**Webseite:**	PubMed Central (PMC)
Publisher:	Nutrients		

[s5] - https://pmc.ncbi.nlm.nih.gov/articles/PMC6616534/

Autor:	Qian-Qian Mao, Xiao-Yu Xu, Shi-Yu Cao, Ren-You Gan, Harold Corke, Trust Beta, Hua-Bin Li	**Titel:**	Bioactive Compounds and Bioactivities of Ginger (Zingiber officinale Roscoe)
DOI:	10.3390/foods8060185	**Datum:**	2019 May 30
Webseite:	PubMed Central (PMC)		

[s6] - https://pmc.ncbi.nlm.nih.gov/articles/PMC9573514/

Autor:	Panpan Wei, Fenglan Zhao, Zhen Wang, Qibao Wang, Xiaoyun Chai, Guige Hou, Qingguo Meng	**Titel:**	Sesame (Sesamum indicum L.): A Comprehensive Review of Nutritional Value, Phytochemical Composition, Health Benefits, Development of Food, and Industrial Applications
DOI:	10.3390/nu14194079	**Datum:**	2022 Sep 30
Webseite:	PubMed Central (PMC)	**Publisher:**	Nutrients

[s7] - https://pmc.ncbi.nlm.nih.gov/articles/PMC7023045/

Autor:	Sinemyiz Atalay, Iwona Jarocka-Karpowicz, Elzbieta Skrzydlewska	**Titel:**	Antioxidative and Anti-Inflammatory Properties of Cannabidiol
von:	Medical University of Białystok	**DOI:**	10.3390/antiox9010021
Datum:	2019 Dec 25	**Webseite:**	PubMed Central (PMC)
Publisher:	MDPI		

[s8] - https://www.ncbi.nlm.nih.gov/books/NBK597377/

Autor:	Alexander Scheiber, Victoria Mank	**Titel:**	Anti-Inflammatory Diets
von:	StatPearls Publishing	**Datum:**	2023/10/28
Webseite:	NCBI Bookshelf	**Publisher:**	StatPearls Publishing

[s9] - https://pmc.ncbi.nlm.nih.gov/articles/PMC11576095/

Autor:	Xiaoping Yu, Haomou Pu, Margaret Voss	**Titel:**	Overview of anti-inflammatory diets and their promising effects on non-communicable diseases
DOI:	10.1017/S0007114524001405	**Datum:**	2024 Oct 16
Webseite:	PubMed Central (PMC)	**Publisher:**	The British Journal of Nutrition

[s10] - https://pmc.ncbi.nlm.nih.gov/articles/PMC8389628/

Autor:	Kristine Stromsnes, Angela G Correas, Jenny Lehmann, Juan Gambini, Gloria Olaso-Gonzalez	**Titel:**	Anti-Inflammatory Properties of Diet: Role in Healthy Aging
von:	PubMed Central (PMC)	**DOI:**	10.3390/biomedicines9080922
Datum:	2021 Jul 30	**Webseite:**	PMC
Publisher:	Biomedicines		

[s11] - https://www.ncbi.nlm.nih.gov/books/NBK597377/

Autor:	Alexander Scheiber, Victoria Mank	**Titel:**	Anti-Inflammatory Diets
von:	StatPearls Publishing	**Datum:**	2023/10/28
Webseite:	NCBI Bookshelf	**Publisher:**	StatPearls Publishing

[s12] - https://pmc.ncbi.nlm.nih.gov/articles/PMC8502778/

Autor:	Julie M Hess, Charles B Stephensen, Mario Kratz, Bradley W Bolling	**Titel:**	Exploring the Links between Diet and Inflammation: Dairy Foods as Case Studies
von:	National Dairy Council, USDA Western Human Nutrition Research Center, University of California, Fred Hutchinson Cancer Research Center, University of Wisconsin-Madison	**DOI:**	10.1093/advances/nmab108
Datum:	2021 Oct 11	**Webseite:**	PubMed Central (PMC)
Publisher:	National Library of Medicine		

[s13] - https://pmc.ncbi.nlm.nih.gov/articles/PMC11205432/

Autor:	Jesús Álvarez-Herms	**Titel:**	Summatory Effects of Anaerobic Exercise and a 'Westernized Athletic Diet' on Gut Dysbiosis and Chronic Low-Grade Metabolic Acidosis
von:	Phymolab, Physiology and Molecular Laboratory	**DOI:**	10.3390/microorganisms12061138
Datum:	2024 Jun 3	**Webseite:**	PubMed Central (PMC)
Publisher:	Microorganisms		

[s14] - https://pmc.ncbi.nlm.nih.gov/articles/PMC8401674/

Autor:	Annalisa Noce, Giulia Marrone, Georgia Wilson Jones, Manuela Di Lauro, Anna Pietroboni Zaitseva, Linda Ramadori, Roberto Celotto, Anna Paola Mitterhofer, Nicola Di Daniele	**Titel:**	Nutritional Approaches for the Management of Metabolic Acidosis in Chronic Kidney Disease
von:	University of Rome Tor Vergata; S. Giovanni Bosco Hospital, Department of Clinical and Biological Sciences, University of Turin	**DOI:**	10.3390/nu13082534
Datum:	2021 Jul 24	**Webseite:**	PubMed Central (PMC)
Publisher:	Nutrients		

[s15] - https://pmc.ncbi.nlm.nih.gov/articles/PMC8401674/

Autor:	Annalisa Noce, Giulia Marrone, Georgia Wilson Jones, Manuela Di Lauro, Anna Pietroboni Zaitseva, Linda Ramadori, Roberto Celotto, Anna Paola Mitterhofer, Nicola Di Daniele	**Titel:**	Nutritional Approaches for the Management of Metabolic Acidosis in Chronic Kidney Disease
von:	University of Rome Tor Vergata; University of Turin	**DOI:**	10.3390/nu13082534
Datum:	2021 Jul 24	**Webseite:**	PubMed Central (PMC)

[s16] - https://pmc.ncbi.nlm.nih.gov/articles/PMC7400143/

Autor:	Araceli Muñoz-Garach, Beatriz Garcí a-Fontana, Manuel Muñoz-Torres	**Titel:**	Nutrients and Dietary Patterns Related to Osteoporosis
von:	National Library of Medicine (NLM); National Institutes of Health (NIH)	**DOI:**	10.3390/nu12071986
Datum:	2020 Jul 3	**Webseite:**	PubMed Central (PMC)
Publisher:	Nutrients		

[s17] - https://pmc.ncbi.nlm.nih.gov/articles/PMC6723571/

Autor:	Tianying Wu, Phoebe Seaver, Hector Lemus, Kathryn Hollenbach, Emily Wang, John P Pierce	**Titel:**	Associations between Dietary Acid Load and Biomarkers of Inflammation and Hyperglycemia in Breast Cancer Survivors
DOI:	10.3390/nu11081913	**Datum:**	2019 Aug 15
Webseite:	PubMed Central (PMC)	**Publisher:**	Nutrients

[s18] - https://pmc.ncbi.nlm.nih.gov/articles/PMC5718124/

Autor:	Emma Weiss, Rajani Katta	**Titel:**	Diet and rosacea: the role of dietary change in the management of rosacea
von:	Baylor College of Medicine, Houston, TX, USA	**DOI:**	10.5826/dpc.0704a08
Datum:	2017 Oct 31	**Webseite:**	PubMed Central (PMC)
Publisher:	Dermatology Practical & Conceptual		

[s19] - https://pmc.ncbi.nlm.nih.gov/articles/PMC10276889/

Autor:	Ye Jin, Shuangyang Li, Qixuan Yu, Tianli Chen, Da Liu	**Titel:**	Application of stem cells in regeneration medicine
von:	School of Pharmacy, Changchun University of Chinese Medicine, Changchun, Jilin, China	**DOI:**	10.1002/mco2.291
Datum:	2023 Jun 17	**Webseite:**	PubMed Central (PMC)
Publisher:	MedComm		

[s20] - https://pmc.ncbi.nlm.nih.gov/articles/PMC7681102/

Autor:	Amir Kamali, Reihane Ziadlou, Gernot Lang, Judith Pfannkuche, Shangbin Cui, Zhen Li, R Geoff Richards, Mauro Alini, Sibylle Grad	**Titel:**	Small molecule-based treatment approaches for intervertebral disc degeneration: Current options and future directions
von:	AO Research Institute Davos, Davos, Switzerland; Department of Biomedical Engineering, Medical Faculty of the University of Basel, Basel, CH; Department of Orthopaedic and Trauma Surgery, University Medical Center Freiburg, Albert-Ludwigs University of Freiburg, Freiburg, Germany; The first affiliated hospital of Sun Yat-sen University, Guangzhou, China.	**DOI:**	10.7150/thno.48987
Datum:	2021 Jan 1	**Webseite:**	PubMed Central (PMC)
Publisher:	Theranostics		

[s21] - https://pmc.ncbi.nlm.nih.gov/articles/PMC10057655/

Autor:	Antonina Kurowska, Wojciech Ziemichód, Mariola Herbet, Iwona Pią tkowska-Chmiel	**Titel:**	The Role of Diet as a Modulator of the Inflammatory Process in the Neurological Diseases
von:	Medical University of Lublin	**DOI:**	10.3390/nu15061436
Datum:	2023 Mar 16	**Webseite:**	PubMed Central (PMC)
Publisher:	Nutrients		

[s22] - https://pmc.ncbi.nlm.nih.gov/articles/PMC7352291/

Autor:	Mohammed Iddir, Alex Brito, Giulia Dingeo, Sofia Sosa Fernandez Del Campo, Hanen Samouda, Michael R La Frano, Torsten Bohn	**Titel:**	Strengthening the Immune System and Reducing Inflammation and Oxidative Stress through Diet and Nutrition: Considerations during the COVID-19 Crisis
DOI:	10.3390/nu12061562	**Datum:**	2020 May 27
Webseite:	PubMed Central (PMC)	**Publisher:**	Nutrients

[s23] - https://pmc.ncbi.nlm.nih.gov/articles/PMC7037709/

Autor:	Camila R Ferraz, Thacyana T Carvalho, Marília F Manchope, Nayara A Artero, Fernanda S Rasquel-Oliveira, Victor Fattori, Rubia Casagrande, Waldiceu A Verri, Jr	**Titel:**	Therapeutic Potential of Flavonoids in Pain and Inflammation: Mechanisms of Action, Pre-Clinical and Clinical Data, and Pharmaceutical Development
von:	Londrina State University	**DOI:**	10.3390/molecules25030762
Datum:	2020 Feb 10	**Webseite:**	PMC (PubMed Central)

[s24] - https://pmc.ncbi.nlm.nih.gov/articles/PMC2828614/

Autor:	Prakash Nagarkatti, Rupal Pandey, Sadiye Amcaoglu Rieder, Venkatesh L Hegde, Mitzi Nagarkatti	**Titel:**	Cannabinoids as novel anti-inflammatory drugs
DOI:	10.4155/fmc.09.93	**Datum:**	2009 Oct
Webseite:	PubMed Central (PMC)	**Publisher:**	Future medicinal chemistry

[s25] - https://pmc.ncbi.nlm.nih.gov/articles/PMC3083808/

Autor:	Hannah R Vasanthi, RP Parameswari	**Titel:**	Indian Spices for Healthy Heart - An Overview
von:	Sri Ramachandra University, Chennai, India	**DOI:**	10.2174/157340310793566172
Datum:	2010 Nov	**Webseite:**	PubMed Central (PMC)
Publisher:	National Center for Biotechnology Information		

[s26] - https://pmc.ncbi.nlm.nih.gov/articles/PMC3665023/

Autor:	Nafiseh Shokri Mashhadi, Reza Ghiasvand, Gholamreza Askari, Mitra Hariri, Leila Darvishi, Mohammad Reza Mofid	**Titel:**	Anti-Oxidative and Anti-Inflammatory Effects of Ginger in Health and Physical Activity: Review of Current Evidence
von:	Isfahan University of Medical Sciences	**Datum:**	2013 Apr
Webseite:	PubMed Central (PMC)	**Publisher:**	International Journal of Preventive Medicine

[s27] - https://pmc.ncbi.nlm.nih.gov/articles/PMC7767362/

Autor:	Shokoh Parham, Anousheh Zargar Kharazi, Hamid Reza Bakhsheshi-Rad, Hadi Nur, Ahmad Fauzi Ismail, Safian Sharif, Seeram RamaKrishna, Filippo Berto	**Titel:**	Antioxidant, Antimicrobial and Antiviral Properties of Herbal Materials
DOI:	10.3390/antiox9121309	**Datum:**	2020 Dec 21
Webseite:	PubMed Central (PMC)		

[s28] - https://www.ncbi.nlm.nih.gov/books/NBK92775/

Autor:	Ann M. Bode, Zigang Dong	**Titel:**	The Amazing and Mighty Ginger
von:	National Center for Biotechnology Information (NCBI)	**Datum:**	2011
Webseite:	NCBI Bookshelf	**Publisher:**	CRC Press/Taylor & Francis

[s29] - https://pmc.ncbi.nlm.nih.gov/articles/PMC10300823/

Autor:	Sofia Charneca, Ana Hernando, Patrí cia Costa-Reis, Catarina Sousa Guerreiro	**Titel:**	Beyond Seasoning—The Role of Herbs and Spices in Rheumatic Diseases
von:	Universidade de Lisboa, Centro Hospitalar Universitário Lisboa Norte, Instituto de Medicina Molecular João Lobo Antunes, Instituto de Saúde Ambiental	**DOI:**	10.3390/nu15122812
Datum:	2023 Jun 20	**Webseite:**	PubMed Central (PMC)
Publisher:	MDPI		

[s30] - https://pmc.ncbi.nlm.nih.gov/articles/PMC6532192/

Autor:	Rosa Vázquez-Fresno, Albert Remus R Rosana, Tanvir Sajed, Tuviere Onookome-Okome, Noah A Wishart, David S Wishart	**Titel:**	Herbs and Spices- Biomarkers of Intake Based on Human Intervention Studies – A Systematic Review
von:	University of Alberta	**DOI:**	10.1186/s12263-019-0636-8
Datum:	2019 May 22	**Webseite:**	PubMed Central (PMC)
Publisher:	Genes & Nutrition		

[s31] - https://pmc.ncbi.nlm.nih.gov/articles/PMC5618098/

Autor:	Alexander Yashin, Yakov Yashin, Xiaoyan Xia, Boris Nemzer	**Titel:**	Antioxidant Activity of Spices and Their Impact on Human Health: A Review
von:	International Analytical Center of Zelinsky Institute of Organic Chemistry of Russian, Academy of Science; VDF FutureCeuticals, Inc.; Food Science and Human Nutrition, University of Illinois at Urbana-Champaign	**DOI:**	10.3390/antiox6030070
Datum:	2017 Sep 15	**Webseite:**	PubMed Central (PMC)
Publisher:	Antioxidants		

[s32] - https://pmc.ncbi.nlm.nih.gov/articles/PMC9147557/

Autor:	Dalal Hammoudi Halat, Maha Krayem, Sanaa Khaled, Samar Younes	**Titel:**	A Focused Insight into Thyme: Biological, Chemical, and Therapeutic Properties of an Indigenous Mediterranean Herb
von:	Lebanese International University	**DOI:**	10.3390/nu14102104
Datum:	2022 May 18	**Webseite:**	PubMed Central (PMC)
Publisher:	Nutrients		

[s33] - https://pmc.ncbi.nlm.nih.gov/articles/PMC4227268/

Autor:	Elizabeth I Opara, Magali Chohan	**Titel:**	Culinary Herbs and Spices: Their Bioactive Properties, the Contribution of Polyphenols and the Challenges in Deducing Their True Health Benefits
von:	National Center for Biotechnology Information (NCBI)	**DOI:**	10.3390/ijms151019183
Datum:	2014 Oct 22	**Webseite:**	PubMed Central (PMC)
Publisher:	International Journal of Molecular Sciences		

[s34] - https://pubmed.ncbi.nlm.nih.gov/25749238/

Autor:	Bower A, Marquez S, de Mejia EG	**Titel:**	The Health Benefits of Selected Culinary Herbs and Spices Found in the Traditional Mediterranean Diet
von:	PubMed	**DOI:**	10.1080/10408398.2013.805713
Datum:	12/09/2016	**Webseite:**	pubmed.ncbi.nlm.nih.gov
Publisher:	Crit Rev Food Sci Nutr		

[s35] - https://pmc.ncbi.nlm.nih.gov/articles/PMC5664031/

Autor:	Susan J Hewlings, Douglas S Kalman	**Titel:**	Curcumin: A Review of Its' Effects on Human Health
DOI:	10.3390/foods6100092	**Datum:**	2017 Oct 22
Webseite:	PubMed Central (PMC)	**Publisher:**	Foods

[s36] - https://pmc.ncbi.nlm.nih.gov/articles/PMC3665023/

Autor:	Nafiseh Shokri Mashhadi, Reza Ghiasvand, Gholamreza Askari, Mitra Hariri, Leila Darvishi, Mohammad Reza Mofid	**Titel:**	Anti-Oxidative and Anti-Inflammatory Effects of Ginger in Health and Physical Activity: Review of Current Evidence
von:	Isfahan University of Medical Sciences	**Datum:**	2013 Apr
Webseite:	PubMed Central (PMC)	**Publisher:**	International Journal of Preventive Medicine

[s37] - https://pmc.ncbi.nlm.nih.gov/articles/PMC7522354/

Autor:	Javad Sharifi-Rad, Youssef El Rayess, Alain Abi Rizk, Carmen Sadaka, Raviella Zgheib, Wissam Zam, Simona Sestito, Simona Rapposelli, Katarzyna Neffe-Skocińska, Dorota Zielińska, Bahare Salehi, William N Setzer, Noura S Dosoky, Yasaman Taheri, Marc El Beyrouthy, Miquel Martorell, Elise Adrian Ostrander, Hafiz Ansar Rasul Suleria, William C Cho, Alfred Maroyi, Natália Martins	**Titel:**	Turmeric and Its Major Compound Curcumin on Health: Bioactive Effects and Safety Profiles for Food, Pharmaceutical, Biotechnological and Medicinal Applications
DOI:	10.3389/fphar.2020.01021	**Datum:**	2020 Sep 15
Webseite:	PubMed Central (PMC)	**Publisher:**	Frontiers in Pharmacology

[s38] - https://pmc.ncbi.nlm.nih.gov/articles/PMC10300823/

Autor:	Sofia Charneca, Ana Hernando, Patrícia Costa-Reis, Catarina Sousa Guerreiro	**Titel:**	Beyond Seasoning—The Role of Herbs and Spices in Rheumatic Diseases
von:	Laboratório de Nutrição, Faculdade de Medicina, Universidade de Lisboa	**DOI:**	10.3390/nu15122812
Datum:	2023 Jun 20	**Webseite:**	PubMed Central (PMC)
Publisher:	Nutrients		

[s39] - https://www.ncbi.nlm.nih.gov/books/NBK92774/

Autor:	Christine M. Kaefer, John A. Milner	**Titel:**	Herbs and Spices in Cancer Prevention and Treatment
von:	National Center for Biotechnology Information (NCBI)	**Datum:**	2011
Webseite:	NCBI Bookshelf	**Publisher:**	CRC Press/Taylor & Francis

[s40] - https://pmc.ncbi.nlm.nih.gov/articles/PMC3649719/

Autor:	Joanne L Slavin, Beate Lloyd	**Titel:**	Health Benefits of Fruits and Vegetables
von:	University of Minnesota	**DOI:**	10.3945/an.112.002154
Datum:	2012 Jul 6	**Webseite:**	PubMed Central (PMC)
Publisher:	Advances in Nutrition		

[s41] - https://pmc.ncbi.nlm.nih.gov/articles/PMC10057655/

Autor:	Antonina Kurowska, Wojciech Ziemichód, Mariola Herbet, Iwona Piątkowska-Chmiel	**Titel:**	The Role of Diet as a Modulator of the Inflammatory Process in the Neurological Diseases
von:	Medical University of Lublin	**DOI:**	10.3390/nu15061436
Datum:	2023 Mar 16	**Webseite:**	PubMed Central (PMC)
Publisher:	Nutrients		

[s42] - https://pmc.ncbi.nlm.nih.gov/articles/PMC7600777/

Autor:	Weston Petroski; Deanna M Minich	**Titel:**	Is There Such a Thing as "Anti-Nutrients"? A Narrative Review of Perceived Problematic Plant Compounds
von:	University of Western States	**DOI:**	10.3390/nu12102929
Datum:	2020 Sep 24	**Webseite:**	PubMed Central (PMC)
Publisher:	Nutrients		

[s43] - https://pmc.ncbi.nlm.nih.gov/articles/PMC3649719/

Autor:	Joanne L Slavin, Beate Lloyd	**Titel:**	Health Benefits of Fruits and Vegetables
von:	University of Minnesota	**DOI:**	10.3945/an.112.002154
Datum:	2012 Jul 6	**Webseite:**	PubMed Central (PMC)
Publisher:	Advances in Nutrition		

[s44] - https://pmc.ncbi.nlm.nih.gov/articles/PMC9735862/

Autor:	Eliza Knez, Kornelia Kadac-Czapska, Kamila Dmochowska-Ślęzak, Mał gorzata Grembecka	**Titel:**	Root Vegetables—Composition, Health Effects, and Contaminants
von:	Department of Bromatology, Medical University of Gdańsk, Gen. J. Hallera Av. 107, 80-416 Gdańsk, Poland	**DOI:**	10.3390/ijerph192315531
Datum:	2022 Nov 23	**Webseite:**	PubMed Central (PMC)

[s45] - https://pmc.ncbi.nlm.nih.gov/articles/PMC10421445/

Autor:	Md Jannatul Ferdaus, Ezzine Chukwu-Munsen, Aline Foguel, Roberta Claro da Silva	**Titel:**	Taro Roots: An Underexploited Root Crop
DOI:	10.3390/nu15153337	**Datum:**	2023 Jul 27
Webseite:	PubMed Central (PMC)	**Publisher:**	Nutrients

[s46] - https://pmc.ncbi.nlm.nih.gov/articles/PMC8064481/

Autor:	Marjo J E Campmans-Kuijpers, Gerard Dijkstra	**Titel:**	Food and Food Groups in Inflammatory Bowel Disease (IBD): The Design of the Groningen Anti-Inflammatory Diet (GrAID)
von:	University Medical Center Groningen, University of Groningen	**DOI:**	10.3390/nu13041067
Datum:	2021 Mar 25	**Webseite:**	PubMed Central (PMC)
Publisher:	Nutrients		

[s47] - https://pmc.ncbi.nlm.nih.gov/articles/PMC11576095/

Autor:	Xiaoping Yu, Haomou Pu, Margaret Voss	**Titel:**	Overview of anti-inflammatory diets and their promising effects on non-communicable diseases
von:	School of Medicine and Nursing, Chengdu University; School of Public Health, Chengdu University of Traditional Chinese Medicine; Department of Nutrition and Food Studies, Falk College, Syracuse University	**DOI:**	10.1017/S0007114524001405
Datum:	2024 Oct 16	**Webseite:**	PubMed Central (PMC)
Publisher:	The British Journal of Nutrition		

[s48] - https://pmc.ncbi.nlm.nih.gov/articles/PMC526387/

Autor:	Michael S Donaldson (Director of Research, Hallelujah Acres Foundation)	**Titel:**	Nutrition and cancer: A review of the evidence for an anti-cancer diet
DOI:	10.1186/1475-2891-3-19	**Datum:**	2004 Oct 20
Webseite:	PubMed Central (PMC)	**Publisher:**	Nutrition Journal

[s49] - https://pmc.ncbi.nlm.nih.gov/articles/PMC9864543/

Autor:	Maharshi Bhaswant, Dilip Kumar Shanmugam, Taiki Miyazawa, Chizumi Abe, Teruo Miyazawa	**Titel:**	Microgreens—A Comprehensive Review of Bioactive Molecules and Health Benefits
DOI:	10.3390/molecules28020867	**Datum:**	2023 Jan 15
Webseite:	PubMed Central (PMC)		

[s50] - https://pmc.ncbi.nlm.nih.gov/articles/PMC7600777/

Autor:	Weston Petroski, Deanna M Minich	**Titel:**	Is There Such a Thing as "Anti-Nutrients"? A Narrative Review of Perceived Problematic Plant Compounds
von:	University of Western States	**DOI:**	10.3390/nu12102929
Datum:	2020 Sep 24	**Webseite:**	PubMed Central (PMC)
Publisher:	Nutrients		

[s51] - https://pmc.ncbi.nlm.nih.gov/articles/PMC3649719/

Autor:	Joanne L Slavin, Beate Lloyd	**Titel:**	Health Benefits of Fruits and Vegetables
von:	University of Minnesota	**DOI:**	10.3945/an.112.002154
Datum:	2012 Jul 6	**Webseite:**	PubMed Central (PMC)
Publisher:	Advances in Nutrition		

[s52] - https://pmc.ncbi.nlm.nih.gov/articles/PMC6627095/

Autor:	Dianzhi Hou, Laraib Yousaf, Yong Xue, Jinrong Hu, Jihong Wu, Xiaosong Hu, Naihong Feng, Qun Shen	**Titel:**	Mung Bean (Vigna radiata L.): Bioactive Polyphenols, Polysaccharides, Peptides, and Health Benefits
von:	Key Laboratory of Plant Protein and Grain Processing, National Engineering and Technology Research Center for Fruits and Vegetables, College of Food Science and Nutritional Engineering, China Agricultural University; Institute of Economic Crops, Shanxi Academy of Agricultural Sciences	**DOI:**	10.3390/nu11061238
Datum:	2019 May 31	**Webseite:**	PubMed Central (PMC)
Publisher:	MDPI		

[s53] - https://pmc.ncbi.nlm.nih.gov/articles/PMC7912826/

Autor:	Alexandra Alcorta, Adrià Porta, Amparo Tárrega, María Dolores Alvarez, M Pilar Vaquero	**Titel:**	Foods for Plant-Based Diets: Challenges and Innovations
DOI:	10.3390/foods10020293	**Datum:**	2021 Feb 1
Webseite:	PubMed Central (PMC)		

[s54] - https://pmc.ncbi.nlm.nih.gov/articles/PMC9189583/

Autor:	Monica K Esquivel	**Titel:**	Nutrition Benefits and Considerations for Whole Foods Plant-Based Eating Patterns
von:	University of Hawaii at Manoa	**DOI:**	10.1177/15598276221075992
Datum:	2022 Apr 22	**Webseite:**	PubMed Central (PMC)
Publisher:	American Journal of Lifestyle Medicine		

[s55] - https://pmc.ncbi.nlm.nih.gov/articles/PMC7760812/
Autor: Steven R Hertzler, Jacqueline C Lieblein-Boff, Mary Weiler, Courtney Allgeier
Titel: Plant Proteins: Assessing Their Nutritional Quality and Effects on Health and Physical Function
von: Abbott Nutrition
DOI: 10.3390/nu12123704
Datum: 2020 Nov 30
Webseite: PubMed Central (PMC)
Publisher: Nutrients

[s56] - https://pmc.ncbi.nlm.nih.gov/articles/PMC9462539/
Autor: Waseem Khalid, Muhammad Sajid Arshad, Muhammad Modassar Ali Nawaz Ranjha, Maria Barbara Różańska, Shafeeqa Irfan, Bakhtawar Shafique, Muhammad Abdul Rahim, Muhammad Zubair Khalid, Gholamreza Abdi, Przemysław Łukasz Kowalczewski
Titel: Functional constituents of plant-based foods boost immunity against acute and chronic disorders
DOI: 10.1515/biol-2022-0104
Datum: 2022 Sep 8
Webseite: PubMed Central (PMC)

[s57] - https://pmc.ncbi.nlm.nih.gov/articles/PMC8707693/
Autor: Sheryl Salis, Anju Virmani, Leena Priyambada, Meena Mohan, Kajal Hansda, Carine de Beaufort
Titel: 'Old Is Gold': How Traditional Indian Dietary Practices Can Support Pediatric Diabetes Management
von: PubMed Central (PMC)
DOI: 10.3390/nu13124427
Datum: 2021 Dec 10
Webseite: PMC
Publisher: Nutrients

[s58] - https://pmc.ncbi.nlm.nih.gov/articles/PMC11047508/
Autor: Asma Ayaz, Wajid Zaman, Zsolt Radák, Yaodong Gu
Titel: Harmony in Motion: Unraveling the Nexus of Sports, Plant-Based Nutrition, and Antioxidants for Peak Performance
DOI: 10.3390/antiox13040437
Datum: 2024 Apr 4
Webseite: PubMed Central (PMC)
Publisher: MDPI

[s59] - https://pmc.ncbi.nlm.nih.gov/articles/PMC7912826/
Autor: Alexandra Alcorta, Adrià Porta, Amparo Tárrega, María Dolores Alvarez, M Pilar Vaquero
Titel: Foods for Plant-Based Diets: Challenges and Innovations
von: Instituto de Ciencia y Tecnología de Alimentos y Nutrición (ICTAN-CSIC) & Instituto de Agroquímica y Tecnología de Alimentos (IATA-CSIC)
DOI: 10.3390/foods10020293
Datum: 2021 Feb 1
Webseite: PubMed Central (PMC)

[s60] - https://pmc.ncbi.nlm.nih.gov/articles/PMC10057655/
Autor: Antonina Kurowska, Wojciech Ziemichód, Mariola Herbet, Iwona Piątkowska-Chmiel
Titel: The Role of Diet as a Modulator of the Inflammatory Process in the Neurological Diseases
von: Medical University of Lublin
DOI: 10.3390/nu15061436
Datum: 2023 Mar 16
Webseite: PubMed Central (PMC)
Publisher: Nutrients

[s61] - https://pmc.ncbi.nlm.nih.gov/articles/PMC7281228/

Autor:	Syed Amir Ashraf, Mohd Adnan, Mitesh Patel, Arif Jamal Siddiqui, Manojkumar Sachidanandan, Mejdi Snoussi, Sibte Hadi	**Titel:**	Fish-Based Bioactives as Potent Nutraceuticals: Exploring the Therapeutic Perspective of Sustainable Food from the Sea
von:	University of Hail, Veer Narmad South Gujarat University, University of Central Lancashire, University of Monastir	**DOI:**	10.3390/md18050265
Datum:	2020 May 18	**Webseite:**	PubMed Central (PMC)
Publisher:	Marine Drugs		

[s62] - https://pmc.ncbi.nlm.nih.gov/articles/PMC9196333/

Autor:	Salvatore Benvenga, Fausto Famà, Laura Giovanna Perdichizzi, Alessandro Antonelli, Gabriela Brenta, Francesco Vermiglio, Mariacarla Moleti	**Titel:**	Fish and the Thyroid: A Janus Bifrons Relationship Caused by Pollutants and the Omega-3 Polyunsaturated Fatty Acids
von:	University of Messina, University of Pisa, Dr. Cesar Milstein Hospital	**DOI:**	10.3389/fendo.2022.891233
Datum:	2022 May 27	**Webseite:**	PubMed Central (PMC)
Publisher:	Frontiers in Endocrinology		

[s63] - https://pmc.ncbi.nlm.nih.gov/articles/PMC10528427/

Autor:	Ahmed S BaHammam, Abdulrouf Pirzada	**Titel:**	Timing Matters: The Interplay between Early Mealtime, Circadian Rhythms, Gene Expression, Circadian Hormones, and Metabolism—A Narrative Review
von:	National Library of Medicine (NLM), National Institutes of Health (NIH)	**DOI:**	10.3390/clockssleep5030034
Datum:	2023 Sep 6	**Webseite:**	PubMed Central (PMC)
Publisher:	MDPI		

[s64] - https://pmc.ncbi.nlm.nih.gov/articles/PMC6958645/

Autor:	Michael D Wirth, Nitin Shivappa, Samira Khan, Shraddha Vyas, Lynae Beresford, Jameson Sofge, James R Hébert	**Titel:**	Impact of a 3-Month Anti-inflammatory Dietary Intervention Focusing on Watermelon on Body Habitus, Inflammation, and Metabolic Markers: A Pilot Study
DOI:	10.1177/1178638819899398	**Datum:**	2020 Jan 13
Webseite:	PubMed Central (PMC)	**Publisher:**	Nutrition and Metabolic Insights

[s65] - https://pmc.ncbi.nlm.nih.gov/articles/PMC4596721/

Autor:	Brook E Harmon, Mollie Carter, Thomas G Hurley, Nitin Shivappa, Jane Teas, James R Hébert	**Titel:**	Nutrient composition and anti-inflammatory potential of a prescribed macrobiotic diet
von:	University of Memphis; University of South Carolina	**DOI:**	10.1080/01635581.2015.1055369
Datum:	2015 Jul 25	**Webseite:**	PubMed Central (PMC)
Publisher:	Nutrition and cancer		

[s66] - https://www.ncbi.nlm.nih.gov/books/NBK597377/

Autor:	Alexander Scheiber, Victoria Mank	**Titel:**	Anti-Inflammatory Diets
von:	StatPearls Publishing	**Datum:**	2023/10/28
Webseite:	NCBI Bookshelf	**Publisher:**	StatPearls Publishing

[s67] - https://pmc.ncbi.nlm.nih.gov/articles/PMC8389628/

Autor:	Kristine Stromsnes, Angela G Correas, Jenny Lehmann, Juan Gambini, Gloria Olaso-Gonzalez	**Titel:**	Anti-Inflammatory Properties of Diet: Role in Healthy Aging
von:	National Center for Biotechnology Information (NCBI)	**DOI:**	10.3390/biomedicines9080922
Datum:	2021 Jul 30	**Webseite:**	PMC (PubMed Central)
Publisher:	MDPI		

[s68] - https://www.nhlbi.nih.gov/education/dash-eating-plan

Titel:	DASH Eating Plan	**von:**	NHLBI, NIH
Webseite:	NHLBI, NIH	**Publisher:**	National Heart, Lung, and Blood Institute

[s69] - https://pmc.ncbi.nlm.nih.gov/articles/PMC6835480/

Autor:	Niva Shapira	**Titel:**	The Metabolic Concept of Meal Sequence vs. Satiety: Glycemic and Oxidative Responses with Reference to Inflammation Risk, Protective Principles and Mediterranean Diet
von:	Ashkelon Academic College	**DOI:**	10.3390/nu11102373
Datum:	2019 Oct 5	**Webseite:**	PubMed Central (PMC)
Publisher:	Nutrients		

[s70] - https://pmc.ncbi.nlm.nih.gov/articles/PMC8707693/

Autor:	Sheryl Salis, Anju Virmani, Leena Priyambada, Meena Mohan, Kajal Hansda, Carine de Beaufort	**Titel:**	'Old Is Gold': How Traditional Indian Dietary Practices Can Support Pediatric Diabetes Management
von:	National Center for Biotechnology Information (NCBI)	**DOI:**	10.3390/nu13124427
Datum:	2021 Dec 10	**Webseite:**	PubMed Central (PMC)
Publisher:	MDPI		

[s71] - https://pmc.ncbi.nlm.nih.gov/articles/PMC6049644/

Autor:	Seongeung Lee, Youngmin Choi, Heon Sang Jeong, Junsoo Lee, Jeehye Sung	**Titel:**	Effect of different cooking methods on the content of vitamins and true retention in selected vegetables
DOI:	10.1007/s10068-017-0281-1	**Datum:**	2017 Dec 12
Webseite:	PMC	**Publisher:**	Food Science and Biotechnology

[s72] - https://pmc.ncbi.nlm.nih.gov/articles/PMC2722699/

Autor:	Gao-feng Yuan, Bo Sun, Jing Yuan, Qiao-mei Wang	**Titel:**	Effects of different cooking methods on health-promoting compounds of broccoli
von:	Department of Horticulture, Zhejiang University, Hangzhou 310029, China; Key Laboratory of Horticultural Plant Growth, Development and Quality Improvement, Ministry of Agriculture, Hangzhou 310029, China	**DOI:**	10.1631/jzus.B0920051
Datum:	2009 Aug	**Webseite:**	PubMed Central (PMC)
Publisher:	Journal of Zhejiang University. Science. B		

[s73] - https://pmc.ncbi.nlm.nih.gov/articles/PMC10740095/
Autor: Shuwei Wang, Haitao Chen, Jie Sun, Ning Zhang, Shuqi Wang, Baoguo Sun
Titel: Effects of cooking methods on aroma formation in pork: A comprehensive review
von: Beijing Key Laboratory of Flavor Chemistry, Beijing Technology and Business University, Beijing, China
DOI: 10.1016/j.fochx.2023.100884
Datum: 2023 Sep 16
Webseite: PubMed Central (PMC)
Publisher: Food Chemistry: X

[s74] - https://pmc.ncbi.nlm.nih.gov/articles/PMC7693970/
Autor: Sandra Zavadlav, Marijana Blažić, Franco Van de Velde, Charito Vignatti, Cecilia Fenoglio, Andrea M Piagentini, María Elida Pirovani, Cristina M Perotti, Danijela Bursać Kovačević, Predrag Putnik
Titel: Sous-Vide as a Technique for Preparing Healthy and High-Quality Vegetable and Seafood Products
DOI: 10.3390/foods9111537
Datum: 2020 Oct 25
Webseite: PubMed Central (PMC)
Publisher: MDPI

[s75] - https://www.mdpi.com/2304-8158/13/14/2217
Autor: Georgiana Ancuta Misu, Cristina Maria Canja, Mirabela Lupu, Florentina Matei
Titel: Advances and Drawbacks of Sous-Vide Technique—A Critical Review
von: Multidisciplinary Digital Publishing Institute
DOI: 10.3390/foods13142217
Datum: 2024-07-15
Webseite: MDPI
Publisher: Multidisciplinary Digital Publishing Institute

[s76] - https://www.mdpi.com/2311-5637/8/11/645
Autor: Su-Jin Jung, Soo-Wan Chae, Dong-Hwa Shin
Titel: Fermented Foods of Korea and Their Functionalities
von: Multidisciplinary Digital Publishing Institute
DOI: 10.3390/fermentation8110645
Datum: 2022-11-15
Webseite: MDPI
Publisher: Multidisciplinary Digital Publishing Institute

[s77] - https://pmc.ncbi.nlm.nih.gov/articles/PMC8147091/
Autor: Roghayeh Shahbazi, Farzaneh Sharifzad, Rana Bagheri, Nawal Alsadi, Hamed Yasavoli-Sharahi, Chantal Matar
Titel: Anti-Inflammatory and Immunomodulatory Properties of Fermented Plant Foods
von: University of Ottawa; Portland State University
DOI: 10.3390/nu13051516
Datum: 2021 Apr 30
Webseite: PubMed Central (PMC)

[s78] - https://pmc.ncbi.nlm.nih.gov/articles/PMC7071230/
Autor: Stephanie Cowan, Surbhi Sood, Helen Truby, Aimee Dordevic, Melissa Adamski, Simone Gibson
Titel: Inflaming Public Interest: A Qualitative Study of Adult Learners' Perceptions on Nutrition and Inflammation
von: Monash University
DOI: 10.3390/nu12020345
Datum: 2020 Jan 28
Webseite: PubMed Central (PMC)
Publisher: Nutrients

[s79] - https://pmc.ncbi.nlm.nih.gov/articles/PMC4596721/

Autor:	Brook E Harmon, Mollie Carter, Thomas G Hurley, Nitin Shivappa, Jane Teas, James R Hébert	**Titel:**	Nutrient composition and anti-inflammatory potential of a prescribed macrobiotic diet
von:	PubMed Central (PMC)	**DOI:**	10.1080/01635581.2015.1055369
Datum:	2015 Jul 25	**Webseite:**	pmc.ncbi.nlm.nih.gov
Publisher:	Nutrition and cancer		

[s80] - https://pmc.ncbi.nlm.nih.gov/articles/PMC7915094/

Autor:	Tianying Wu, Rajashree Shinde, Robert Castro, John P Pierce	**Titel:**	Interrelationship of Seasons with Inflammation, Red Meat, Fruit, and Vegetable Intakes, Cardio-Metabolic Health, and Smoking Status among Breast Cancer Survivors
DOI:	10.3390/jcm10040636	**Datum:**	2021 Feb 7
Webseite:	PubMed Central (PMC)	**Publisher:**	Journal of Clinical Medicine

[s81] - https://www.ncbi.nlm.nih.gov/sites/books/n/statpearls/article-157669/

Autor:	Alexander Scheiber, Victoria Mank	**Titel:**	Anti-Inflammatory Diets
von:	StatPearls Publishing	**Datum:**	2023/10/28
Webseite:	NCBI Bookshelf	**Publisher:**	StatPearls Publishing

[s82] - https://pmc.ncbi.nlm.nih.gov/articles/PMC7651826/

Autor:	Adithya Sridhar, Muthamilselvi Ponnuchamy, Ponnusamy Senthil Kumar, Ashish Kapoor	**Titel:**	Food preservation techniques and nanotechnology for increased shelf life of fruits, vegetables, beverages and spices: a review
von:	SRM Institute of Science and Technology, Sri Sivasubramaniya Nadar College of Engineering, National Library of Medicine (NLM)	**DOI:**	10.1007/s10311-020-01126-2
Datum:	2020 Nov 9	**Webseite:**	PubMed Central (PMC)
Publisher:	Environmental Chemistry Letters		

[s83] - https://pubmed.ncbi.nlm.nih.gov/27100750/

Autor:	Milford EM; Reade MC	**Titel:**	Comprehensive review of platelet storage methods for use in the treatment of active hemorrhage
von:	National Center for Biotechnology Information (NCBI)	**DOI:**	10.1111/trf.13504
Datum:	2016 Apr	**Webseite:**	PubMed
Publisher:	Transfusion		

[s84] - https://pmc.ncbi.nlm.nih.gov/articles/PMC8707693/
Autor: Sheryl Salis, Anju Virmani, Leena Priyambada, Meena Mohan, Kajal Hansda, Carine de Beaufort
Titel: 'Old Is Gold': How Traditional Indian Dietary Practices Can Support Pediatric Diabetes Management
von: Nurture Health Solutions; Max Super Speciality Hospital; Madhukar Rainbow Children's Hospital; Pentamed Hospital; Rainbow Children's Hospital; PSG Super Speciality Hospital; Diabetes Awareness and You; DECCP/Centre Hospitalier de Luxembourg; Université of Luxembourg; Free University Hospital Brussels UZ-VUB
DOI: 10.3390/nu13124427
Datum: 2021 Dec 10
Webseite: PubMed Central (PMC)

[s85] - https://pmc.ncbi.nlm.nih.gov/articles/PMC7600128/
Autor: Diego dos S Baião, Davi V T da Silva, Vania M F Paschoalin
Titel: Beetroot, A Remarkable Vegetable: Its Nitrate and Phytochemical Contents Can be Adjusted in Novel Formulations to Benefit Health and Support Cardiovascular Disease Therapies
DOI: 10.3390/antiox9100960
Datum: 2020 Oct 8
Webseite: PubMed Central (PMC)
Publisher: MDPI

[s86] - https://pmc.ncbi.nlm.nih.gov/articles/PMC10458865/
Autor: Yedi Herdiana
Titel: Functional Food in Relation to Gastroesophageal Reflux Disease (GERD)
von: Universitas Padjadjaran
DOI: 10.3390/nu15163583
Datum: 2023 Aug 15
Webseite: PubMed Central (PMC)
Publisher: Nutrients

[s87] - https://pmc.ncbi.nlm.nih.gov/articles/PMC7550896/
Autor: Jihad Alwarith, Hana Kahleova, Lee Crosby, Alexa Brooks, Lizoralia Brandon, Susan M Levin, Neal D Barnard
Titel: The role of nutrition in asthma prevention and treatment
von: Physicians Committee for Responsible Medicine, Washington, DC, USA; George Washington University School of Medicine and Health Sciences, Washington, DC, USA
DOI: 10.1093/nutrit/nuaa005
Datum: 2020 May 1
Webseite: PubMed Central (PMC)
Publisher: Nutrition Reviews

[s88] - https://pmc.ncbi.nlm.nih.gov/articles/PMC9782563/

Autor:	Renata Riolo, Riccardo De Rosa, Irene Simonetta, Antonino Tuttolomondo	**Titel:**	Olive Oil in the Mediterranean Diet and Its Biochemical and Molecular Effects on Cardiovascular Health through an Analysis of Genetics and Epigenetics
von:	Università degli Studi di Palermo (Italy)	**DOI:**	10.3390/ijms232416002
Datum:	2022 Dec 15	**Webseite:**	PubMed Central (PMC)
Publisher:	International Journal of Molecular Sciences		

[s89] - https://pmc.ncbi.nlm.nih.gov/articles/PMC10420791/

Autor:	Md Shofiul Azam, Md Nahidul Islam, Md Wahiduzzaman, Mahabub Alam, Akib Atique Khan Dhrubo	**Titel:**	Antiviral foods in the battle against viral infections: Understanding the molecular mechanism
DOI:	10.1002/fsn3.3454	**Datum:**	2023 May 22
Webseite:	PubMed Central (PMC)	**Publisher:**	Food Science & Nutrition

[s90] - https://pmc.ncbi.nlm.nih.gov/articles/PMC3704564/

Autor:	JAIME URIBARRI, SANDRA WOODRUFF, SUSAN GOODMAN, WEIJING CAI, XUE CHEN, RENATA PYZIK, ANGIE YONG, GARY E STRIKER, HELEN VLASSARA	**Titel:**	Advanced Glycation End Products in Foods and a Practical Guide to Their Reduction in the Diet
von:	Mount Sinai School of Medicine, Nutrition Options, Inc	**DOI:**	10.1016/j.jada.2010.03.018
Datum:	2010 Jun	**Webseite:**	PubMed Central (PMC)

[s91] - https://pmc.ncbi.nlm.nih.gov/articles/PMC8001864/

Autor:	Judith Wellens, Séverine Vermeire, João Sabino	**Titel:**	Let Food Be Thy Medicine—Its Role in Crohn's Disease
von:	University Hospitals Leuven	**DOI:**	10.3390/nu13030832
Datum:	2021 Mar 3	**Webseite:**	PubMed Central (PMC)
Publisher:	MDPI		

[s92] - https://pmc.ncbi.nlm.nih.gov/articles/PMC7359750/

Autor:	Ravinder Nagpal, Carol A Shively, Thomas C Register, Suzanne Craft, Hariom Yadav	**Titel:**	Gut microbiome-Mediterranean diet interactions in improving host health
von:	Wake Forest School of Medicine	**DOI:**	10.12688/f1000research.18992.1
Datum:	2019 May 21	**Webseite:**	PubMed Central (PMC)
Publisher:	F1000Research		

[s93] - https://pmc.ncbi.nlm.nih.gov/articles/PMC5372922/

Autor:	Natasha Haskey, Deanna L Gibson	**Titel:**	An Examination of Diet for the Maintenance of Remission in Inflammatory Bowel Disease
von:	University of British Columbia	**DOI:**	10.3390/nu9030259
Datum:	2017 Mar 10	**Webseite:**	PubMed Central (PMC)
Publisher:	Nutrients		

[s94] - https://pmc.ncbi.nlm.nih.gov/articles/PMC11266476/

Autor:	Lucia Kindernay, Kristína Ferenczyová, Veronika Farkašová, Ulrika Duľová, Jakub Strapec, Monika Barteková	**Titel:**	Beneficial Effects of Polyphenol-Rich Food Oils in Cardiovascular Health and Disease
von:	Institute for Heart Research, Centre of Experimental Medicine, Slovak Academy of Sciences; Institute of Physiology, Faculty of Medicine, Comenius University in Bratislava	**DOI:**	10.31083/j.rcm2407190
Datum:	2023 Jul 3	**Webseite:**	PubMed Central (PMC)
Publisher:	Reviews in Cardiovascular Medicine		

[s95] - https://pmc.ncbi.nlm.nih.gov/articles/PMC5682732/

Autor:	Shweta Khanna, Kumar Sagar Jaiswal, Bhawna Gupta	**Titel:**	Managing Rheumatoid Arthritis with Dietary Interventions
von:	Disease Biology Laboratory, School of Biotechnology, KIIT University, Bhubaneswar, Odisha, India	**DOI:**	10.3389/fnut.2017.00052
Datum:	2017 Nov 8	**Webseite:**	PubMed Central (PMC)
Publisher:	Frontiers in Nutrition		

[s96] - https://pmc.ncbi.nlm.nih.gov/articles/PMC6100800/

Autor:	Edward Yu, Vasanti S Malik, Frank B Hu	**Titel:**	Cardiovascular Disease Prevention by Diet Modification: JACC Health Promotion Series
von:	National Library of Medicine (NLM), National Institutes of Health (NIH)	**DOI:**	10.1016/j.jacc.2018.02.085
Datum:	2018 Aug 21	**Webseite:**	PubMed Central (PMC)
Publisher:	Journal of the American College of Cardiology		

[s97] - https://pmc.ncbi.nlm.nih.gov/articles/PMC5372922/

Autor:	Natasha Haskey, Deanna L Gibson	**Titel:**	An Examination of Diet for the Maintenance of Remission in Inflammatory Bowel Disease
von:	University of British Columbia	**DOI:**	10.3390/nu9030259
Datum:	2017 Mar 10	**Webseite:**	PubMed Central (PMC)
Publisher:	Nutrients		

[s98] - https://pmc.ncbi.nlm.nih.gov/articles/PMC9782563/

Autor:	Renata Riolo, Riccardo De Rosa, Irene Simonetta, Antonino Tuttolomondo	**Titel:**	Olive Oil in the Mediterranean Diet and Its Biochemical and Molecular Effects on Cardiovascular Health through an Analysis of Genetics and Epigenetics
von:	U.O.C. di Medicina Interna Con Stroke Care, Promozione della Salute, Materno-Infantile, Di Medicina Interna e Specialistica di Eccellenza " G. D'Alessandro" (ProMISE), Università degli Studi di Palermo (Italy)	**DOI:**	10.3390/ijms232416002
Datum:	2022 Dec 15	**Webseite:**	PubMed Central (PMC)
Publisher:	International Journal of Molecular Sciences		

[s99] - https://pmc.ncbi.nlm.nih.gov/articles/PMC8064481/

Autor:	Marjo J E Campmans-Kuijpers, Gerard Dijkstra	**Titel:**	Food and Food Groups in Inflammatory Bowel Disease (IBD): The Design of the Groningen Anti-Inflammatory Diet (GrAID)
von:	University Medical Center Groningen, University of Groningen	**DOI:**	10.3390/nu13041067
Datum:	2021 Mar 25	**Webseite:**	PubMed Central (PMC)
Publisher:	Nutrients		

[s100] - https://pmc.ncbi.nlm.nih.gov/articles/PMC6502201/

Autor:	Reddavide Rosa, Rotolo Ornella, Gabriella Caruso Maria, Stasi Elisa, Notarnicola Maria, Miraglia Chiara, Nouvenne Antonio, Meschi Tiziana, Luigi de'Angelis Gian, Di Mario Francesco, Leandro Gioacchino	**Titel:**	The role of diet in the prevention and treatment of Inflammatory Bowel Diseases
von:	National Institute of Gastroenterology "S. De Bellis" Research Hospital, Castellana Grotte, Italy, Department of Medicine and Surgery, University of Parma, Parma, Italy	**DOI:**	10.23750/abm.v89i9-S.7952
Datum:	2018	**Webseite:**	PubMed Central (PMC)
Publisher:	Acta Bio Medica : Atenei Parmensis		

[s101] - https://pmc.ncbi.nlm.nih.gov/articles/PMC10742967/

Autor:	Seong-Hoon Kim, Jung Beom Yoon, Jiwon Han, Yum Am Seo, Byeong-Hee Kang, Jaesu Lee, Kingsley Ochar	**Titel:**	Green Onion (Allium fistulosum): An Aromatic Vegetable Crop Esteemed for Food, Nutritional and Therapeutic Significance
von:	National Agrobiodiversity Center, National Institute of Agricultural Sciences, RDA; National Institute of Horticultural and Herbal Science, RDA; Department of Data Science, Jeju National University; Department of Applied Plant Science, Chonnam National University; Korea Partnership for Innovation of Agriculture, RDA; Council for Scientific and Industrial Research, Plant Genetic Resources Research Institute	**DOI:**	10.3390/foods12244503
Datum:	2023 Dec 16	**Webseite:**	PubMed Central (PMC)
Publisher:	Foods		

[s102] - https://pmc.ncbi.nlm.nih.gov/articles/PMC5785894/

Autor:	Ajaikumar B Kunnumakkara, Bethsebie L Sailo, Kishore Banik, Choudhary Harsha, Sahdeo Prasad, Subash Chandra Gupta, Alok Chandra Bharti, Bharat B Aggarwal	**Titel:**	Chronic diseases, inflammation, and spices: how are they linked?
DOI:	10.1186/s12967-018-1381-2	**Datum:**	2018 Jan 25
Webseite:	PubMed Central (PMC)	**Publisher:**	Journal of Translational Medicine

[s103] - https://pmc.ncbi.nlm.nih.gov/articles/PMC4003790/

Autor:	Pasupuleti Visweswara Rao, Siew Hua Gan	**Titel:**	Cinnamon: A Multifaceted Medicinal Plant
DOI:	10.1155/2014/642942	**Datum:**	2014 Apr 10
Webseite:	PubMed Central (PMC)	**Publisher:**	Evidence-based Complementary and Alternative Medicine : eCAM

[s104] - https://pmc.ncbi.nlm.nih.gov/articles/PMC3665023/

Autor:	Nafiseh Shokri Mashhadi, Reza Ghiasvand, Gholamreza Askari, Mitra Hariri, Leila Darvishi, Mohammad Reza Mofid	**Titel:**	Anti-Oxidative and Anti-Inflammatory Effects of Ginger in Health and Physical Activity: Review of Current Evidence
von:	Isfahan University of Medical Sciences	**Datum:**	2013 Apr
Webseite:	PubMed Central (PMC)	**Publisher:**	International Journal of Preventive Medicine

[s105] - https://pmc.ncbi.nlm.nih.gov/articles/PMC3943006/

Autor:	Shannon Wongvibulsin, Suzie Seoyang Lee, Ka-Kit Hui	**Titel:**	Achieving Balance Through the Art of Eating: Demystifying Eastern Nutrition and Blending it with Western Nutrition
von:	UCLA Center for East-West Medicine, Division of General Internal Medicine, David Geffen School of Medicine at University of California, Los Angeles (UCLA), LA, USA	**DOI:**	10.1016/s2225-4110(16)30065-7
Datum:	2012 Jan-Mar	**Webseite:**	PubMed Central (PMC)
Publisher:	Journal of Traditional and Complementary Medicine		

[s106] - https://pmc.ncbi.nlm.nih.gov/articles/PMC10394323/

Autor:	Junshi Chen	**Titel:**	Essential role of medicine and food homology in health and wellness
von:	China National Centre for Food Safety Risk Assessment	**DOI:**	10.1016/j.chmed.2023.05.001
Datum:	2023 May 25	**Webseite:**	PubMed Central (PMC)
Publisher:	Chinese Herbal Medicines		

[s107] - https://pmc.ncbi.nlm.nih.gov/articles/PMC8724257/

Autor:	Kuo-Han Su, Shan-Yu Su, Chien-Yu Ko, Yung-Chi Cheng, Shyh-Shyun Huang, Jung Chao	**Titel:**	Ethnopharmacological Survey of Traditional Chinese Medicine Pharmacy Prescriptions for Dysmenorrhea
DOI:	10.3389/fphar.2021.746777	**Datum:**	2021 Dec 21
Webseite:	PubMed Central (PMC)	**Publisher:**	Frontiers in Pharmacology

[s108] - https://pmc.ncbi.nlm.nih.gov/articles/PMC7854932/

Autor:	Travertine Garcia, Betsy Ford, Denise Pike, Richard Bryce, Caroline Richardson, Julia A Wolfson	**Titel:**	Development and implementation of a community health centre-based cooking skills intervention in Detroit, MI
von:	PubMed Central (PMC)	**DOI:**	10.1017/S1368980020003481
Datum:	2020 Sep 30	**Webseite:**	PMC
Publisher:	Public Health Nutrition		

[s109] - https://pmc.ncbi.nlm.nih.gov/articles/PMC8277915/

Autor:	Beatriz A Acosta-Estrada, Alicia Reyes, Cristina M Rosell, Dolores Rodrigo, Celeste C Ibarra-Herrera	**Titel:**	Benefits and Challenges in the Incorporation of Insects in Food Products
von:	Tecnologico de Monterrey; Instituto de Agroquimica y Tecnologia de Alimentos (IATA-CSIC)	**DOI:**	10.3389/fnut.2021.687712
Datum:	2021 Jun 30	**Webseite:**	PubMed Central (PMC)
Publisher:	Frontiers in Nutrition		

[s110] - https://pmc.ncbi.nlm.nih.gov/articles/PMC10128075/

Autor:	Alaa Diab, L Nedda Dastmalchi, Martha Gulati, Erin D Michos	**Titel:**	A Heart-Healthy Diet for Cardiovascular Disease Prevention: Where Are We Now?
von:	PubMed Central (PMC)	**DOI:**	10.2147/VHRM.S379874
Datum:	2023 Apr 21	**Webseite:**	pmc.ncbi.nlm.nih.gov
Publisher:	Vascular Health and Risk Management		

[s111] - https://pmc.ncbi.nlm.nih.gov/articles/PMC10588234/

Autor:	Naima Hagström, Elin Lövestam, Afsaneh Koochek, Lillemor Berntson	**Titel:**	A qualitative evaluation of the specific carbohydrate diet for juvenile idiopathic arthritis based on children's and parents' experiences
DOI:	10.1186/s12969-023-00914-8	**Datum:**	2023 Oct 19
Webseite:	PubMed Central (PMC)	**Publisher:**	Pediatric Rheumatology Online Journal

[s112] - https://www.niddk.nih.gov/health-information/kidney-disease/chronic-kidney-disease-ckd/prevention

Titel:	Preventing Chronic Kidney Disease - NIDDK	**von:**	National Institute of Diabetes and Digestive and Kidney Diseases (NIDDK)
Datum:	2024-12-13	**Webseite:**	NIDDK
Publisher:	NIDDK - National Institute of Diabetes and Digestive and Kidney Diseases		

[s113] - https://pmc.ncbi.nlm.nih.gov/articles/PMC11574773/

Autor:	Aliye B Cepni, Nour Shehata, Fatima Ullah, Craig A Johnston	**Titel:**	Habit Formation in Older Adults
von:	University of Houston	**DOI:**	10.1177/15598276241301743
Datum:	2024 Nov 18	**Webseite:**	PubMed Central (PMC)
Publisher:	American Journal of Lifestyle Medicine		

[s114] - https://pmc.ncbi.nlm.nih.gov/articles/PMC5786854/

Autor:	Ben van Ommen, Suzan Wopereis, Pepijn van Empelen, Hilde M van Keulen, Wilma Otten, Marise Kasteleyn, Johanna J W Molema, Iris M de Hoogh, Niels H Chavannes, Mattijs E Numans, Andrea W M Evers, Hanno Pijl	**Titel:**	From Diabetes Care to Diabetes Cure —The Integration of Systems Biology, eHealth, and Behavioral Change
von:	Netherlands Organization for Applied Scientific Research (TNO), Department of Microbiology and Systems Biology, Leiden, Netherlands; Netherlands Organization for Applied Scientific Research (TNO), Department of Child Health, Leiden, Netherlands; Leiden University Medical Center (LUMC), Department of Public Health and Primary Care, Leiden, Netherlands; Netherlands Organization for Applied Scientific Research (TNO), Department of Work Health Technology, Leiden, Netherlands; Department of Health, Medical and Neuropsychology, Leiden University Medical Centre, Leiden University, Leiden, Netherlands; Department of Psychiatry, Leiden University Medical Centre, Leiden University, Leiden, Netherlands; Leiden University Medical Center (LUMC), Department of Internal Medicine, Leiden, Netherlands	**DOI:**	10.3389/fendo.2017.00381
Datum:	2018 Jan 22	**Webseite:**	PubMed Central (PMC)
Publisher:	Frontiers in Endocrinology		

[s115] - https://pmc.ncbi.nlm.nih.gov/articles/PMC9570802/

Autor:	Simon Alesi, Anthony Villani, Evangeline Mantzioris, Wubet Worku Takele, Stephanie Cowan, Lisa J Moran, Aya Mousa	**Titel:**	Anti-Inflammatory Diets in Fertility: An Evidence Review
von:	Monash Centre for Health Research and Implementation (MCHRI), School of Public Health and Preventive Medicine, Monash University, Melbourne, VIC 3168, Australia; School of Health and Behavioural Sciences, University of the Sunshine Coast, Sippy Downs, QLD 4556, Australia; Clinical and Health Sciences & Alliance for Research in Nutrition, Exercise and Activity (ARENA), University of South Australia, Adelaide, SA 5001, Australia	**DOI:**	10.3390/nu14193914
Datum:	2022 Sep 21	**Webseite:**	PubMed Central (PMC)
Publisher:	Nutrients		

[s116] - https://pmc.ncbi.nlm.nih.gov/articles/PMC8839325/

Autor:	Izzah Vasim, Chaudry N Majeed, Mark D DeBoer	**Titel:**	Intermittent Fasting and Metabolic Health
von:	Wake Forest University School of Medicine, University of Virginia School of Medicine	**DOI:**	10.3390/nu14030631
Datum:	2022 Jan 31	**Webseite:**	PubMed Central (PMC)
Publisher:	Nutrients		

[s117] - https://pmc.ncbi.nlm.nih.gov/articles/PMC7550896/

Autor:	Jihad Alwarith, Hana Kahleova, Lee Crosby, Alexa Brooks, Lizoralia Brandon, Susan M Levin, Neal D Barnard	**Titel:**	The role of nutrition in asthma prevention and treatment
von:	Physicians Committee for Responsible Medicine; George Washington University School of Medicine and Health Sciences	**DOI:**	10.1093/nutrit/nuaa005
Datum:	2020 May 1	**Webseite:**	PubMed Central (PMC)
Publisher:	Nutrition Reviews		

[s118] - https://pmc.ncbi.nlm.nih.gov/articles/PMC10490081/

Autor:	Masoud Heidari, Yalda Khodadadi Jokar, Shirin Madani, Sharifeh Shahi, Mohammad Sharif Shahi, Mohammad Goli	**Titel:**	Influence of Food Type on Human Psychological–Behavioral Responses and Crime Reduction
von:	Islamic Azad University	**DOI:**	10.3390/nu15173715
Datum:	2023 Aug 25	**Webseite:**	PubMed Central (PMC)
Publisher:	MDPI		

[s119] - https://pmc.ncbi.nlm.nih.gov/articles/PMC7658634/

Autor:	Michael D Wirth, Angela Jessup, Gabrielle Turner-McGrievy, Nitin Shivappa, Thomas G Hurley, James R Hébert	**Titel:**	Changes in dietary inflammatory potential predict changes in sleep quality metrics, but not sleep duration
von:	University of South Carolina	**DOI:**	10.1093/sleep/zsaa093
Datum:	2020 May 14	**Webseite:**	PubMed Central (PMC)
Publisher:	Oxford University Press		

[s120] - https://pmc.ncbi.nlm.nih.gov/articles/PMC5909253/

Autor:	Anna Winkvist, Linnea Bärebring, Inger Gjertsson, Lars Ellegård, Helen M Lindqvist	**Titel:**	A randomized controlled cross-over trial investigating the effect of anti-inflammatory diet on disease activity and quality of life in rheumatoid arthritis: the Anti-inflammatory Diet In Rheumatoid Arthritis (ADIRA) study protocol
von:	Sahlgrenska Academy, University of Gothenburg	**DOI:**	10.1186/s12937-018-0354-x
Datum:	2018 Apr 20	**Webseite:**	PMC (PubMed Central)
Publisher:	Nutrition Journal		

[s121] - https://www.mdpi.com/2304-8158/13/21/3437

Autor:	María Alcalá-Orozco, Isabella Lobo-Farfan, Diego F. Tirado, Diana C. Mantilla-Escalante	**Titel:**	Enhancing the Nutritional and Bioactive Properties of Bee Pollen: A Comprehensive Review of Processing Techniques
von:	Multidisciplinary Digital Publishing Institute	**DOI:**	10.3390/foods13213437
Datum:	2024-10-28	**Webseite:**	MDPI
Publisher:	Multidisciplinary Digital Publishing Institute		

[s122] - https://pmc.ncbi.nlm.nih.gov/articles/PMC9521177/

Autor:	Vinay Kumar Pandey, Rafeeya Shams, Rahul Singh, Aamir Hussain Dar, R Pandiselvam, Alexandru Vasile Rusu, Monica Trif	**Titel:**	A comprehensive review on clove (Caryophyllus aromaticus L.) essential oil and its significance in the formulation of edible coatings for potential food applications
DOI:	10.3389/fnut.2022.987674	**Datum:**	2022 Sep 15
Webseite:	PubMed Central (PMC)	**Publisher:**	Frontiers in Nutrition

[s123] - https://pmc.ncbi.nlm.nih.gov/articles/PMC8909876/

Autor:	Hannah Davis, Amelia Magistrali, Gillian Butler, Sokratis Stergiadis	**Titel:**	Nutritional Benefits from Fatty Acids in Organic and Grass-Fed Beef
von:	Newcastle University; University of Reading	**DOI:**	10.3390/foods11050646
Datum:	2022 Feb 23	**Webseite:**	PMC (PubMed Central)
Publisher:	MDPI		

Bild-Quellen

Die nicht aufgelisteten Bilder stammen entweder aus eigener Erstellung oder wurden mit entsprechender Lizenz erworben. Für diese Bilder sind alle Rechte vorbehalten.

Für alle anderen, hier aufgelisteten Bilder gilt:
Keines der Bilder wurde verändert, lediglich die Auflösung wurde angepasst. In der eBook-Version wurden die Bilder zu nummerierten Collagen zusammengestellt. Alle Bilder unterliegen weiterhin ihrer ursprünglichen Lizenz und werden gemäß ihrer jeweiligen Lizenzbestimmungen verwendet. Sollten Sie Fehler bei der Zuordnung oder andere Unstimmigkeiten entdecken, kontaktieren Sie uns bitte.

Datum der finalen Bildprüfung: 2025-02-18.

Verwendete Lizenz

CC0	http://creativecommons.org/publicdomain/zero/1.0/deed.en

Bildnachweise

[i1] - 001_001_001_image_carotinoide.jpeg
https://upload.wikimedia.org/wikipedia/commons/1/14/Pumpkin_Pie.jpg

Date:	2012-03-11	**von:**	Jean-Frédéric
Künstler:	Peggy Greb	**License:**	Public domain

[i2] - 001_001_001_image_oxidativer_stress.jpeg
https://upload.wikimedia.org/wikipedia/commons/f/f9/Lewis_Researcher_in_the_Materials_and_Stresses_Building_%28GRC-1952-C-31339%29.jpg

Date:	Taken	**von:**	OptimusPrimeBot
Künstler:	NASA Glenn Research Center	**License:**	Public domain

[i3] - 001_001_002_image_antioxidans.jpeg
https://upload.wikimedia.org/wikipedia/commons/3/3c/Glutathione-3D-vdW.png

Date:	2007-06-24	**von:**	ドデカイラーメン
Künstler:	Ben Mills	**License:**	Public domain

[i4] - 001_001_002_image_freies_radikal.jpeg
https://upload.wikimedia.org/wikipedia/commons/5/58/Benzhydryl_radical_spacefill.png

Date:	2011-11-26	**von:**	Jynto
License:	CC0		

[i5] - 001_001_003_image_fermentierte_milchprodukte.jpeg
https://upload.wikimedia.org/wikipedia/commons/7/72/Katugen_003.jpg

Date:	2020-10-08	**von:**	Ocdp
License:	CC0		

[i6] - 001_002_001_image_kurzkettige_fettsaeuren.jpeg
https://upload.wikimedia.org/wikipedia/commons/2/2a/Acido_formico_struttura_modello.png

Date:	2006-03-30	**von:**	Javier martin
License:	Public domain		

[i7] - 001_002_002_image_knochenmatrix.jpeg
https://upload.wikimedia.org/wikipedia/commons/2/20/Osteon.jpg

Date:	6 September 2011, 11:59:07	**von:**	Katsamenis
License:	Public domain		

[i8] - 001_002_002_image_knochenstruktur.jpeg
https://upload.wikimedia.org/wikipedia/commons/e/e0/Femur_%28caput_femoris%29_-_bone_structure_detail_%28vertical_cut%29_3.jpg

Date:	2019-05-31	**von:**	MAKY.OREL
License:	CC0		

[i9] - 001_002_003_image_crp.jpeg
https://upload.wikimedia.org/wikipedia/commons/f/f5/Computer-generated_image_of_the_structure_for_C-reactive_protein.jpg

Date:	2009-11-03	**von:**	Maureendberryhill
Künstler:	National Institute of Standards and Technology	**License:**	Public domain

[i10] - 001_003_001_image_stammzelle.jpeg
https://upload.wikimedia.org/wikipedia/commons/f/f0/Mouse_embryonic_stem_cells.jpg

Date:	2005-12-11	**von:**	ChongDae
License:	Public domain		

[i11] - 001_003_001_image_fibroblastenwachstumsfaktor.jpeg
https://upload.wikimedia.org/wikipedia/commons/1/13/NanismeDwarfism_gene.jpg

Date:	2006	**von:**	Lamiot
Künstler:	LANL (Los Alamos National Lab)	**License:**	Public domain

[i12] - 001_003_001_image_transformierender_wachstumsfaktor_beta.jpeg
https://upload.wikimedia.org/wikipedia/commons/1/1c/Computer_graphic_of_tgf-beta.jpg

Date:	1994-03	**von:**	Fæ
Künstler:	Unknown photographer	**License:**	Public domain

[i13] - 001_003_002_image_mediterrane_ernaehrung.jpeg
https://upload.wikimedia.org/wikipedia/commons/8/8b/Michael_Taylor_and_colleagues_visit_the_farm_stand_owned_by_the_Spear_family_in_Waldoboro.jpg

Date:	2013-08-18	**von:**	Darlenefrivera
Künstler:	The U.S. Food and Drug Administration	**License:**	Public domain

[i14] - 001_003_002_image_virusinfektion.jpeg
https://upload.wikimedia.org/wikipedia/commons/7/77/Symptoms_of_Dasheen_mosaic_%28DsMV%29_virus_infection_of_taro.jpg

Date:	2007-09-18	**von:**	Ser Amantio di Nicolao
Künstler:	Plant pests and diseases	**License:**	CC0

[i15] - 002_001_001_image_zytokin.jpeg
https://upload.wikimedia.org/wikipedia/commons/c/c0/BDNF_1BND.jpg

Date:	2010-11-04	**von:**	Ayacop
License:	Public domain		

[i16] - 002_001_003_image_kurkuma.jpeg
https://upload.wikimedia.org/wikipedia/commons/8/8c/Turmeric_Powder.jpg
Date: 2019-04-12 **von:** Jsignor
Künstler: Marina Pershina **License:** CC0

[i17] - 002_002_001_image_fermentation.jpeg
https://upload.wikimedia.org/wikipedia/commons/e/e6/Lacto-fermentation-861551.jpg
Date: 2015-07-16 **von:** Pixeltoo
Künstler: Corey Ryan Hanson **License:** CC0

[i18] - 002_002_002_image_trypsininhibitor.jpeg
https://upload.wikimedia.org/wikipedia/commons/8/8a/1TIE.png
Date: 2008-12-18 **von:** Boghog
License: Public domain

[i19] - 002_002_003_image_sprossen.jpeg
https://upload.wikimedia.org/wikipedia/commons/c/c6/Brussels_sprouts_-_San_Francisco%2C_CA.jpg
Date: 14 January 2024 **von:** Daderot
License: CC0

[i20] - 002_003_002_image_darmmikrobiom.jpeg
https://upload.wikimedia.org/wikipedia/commons/6/6c/Bacteroides_biacutis_01.jpg
Date: 2007-03-29 **von:** Angusmclellan
Künstler: US gov **License:** Public domain

[i21] - 002_003_003_image_hering.jpeg
https://upload.wikimedia.org/wikipedia/commons/e/e1/Herring_-_Royal_Fish%2C_Markthal_Rotterdam_2024-12-02.jpg
Date: 2024-12-02 **von:** Onthewings
Künstler: Andy Li **License:** CC0

[i22] - 002_003_003_image_makrele.jpeg
https://upload.wikimedia.org/wikipedia/commons/8/88/Maquereaux_etal.jpg
Date: 2004-05-31 **von:** Rex
Künstler: Jastrow **License:** Public domain

[i23] - 002_003_003_image_sardinen.jpeg
https://upload.wikimedia.org/wikipedia/commons/c/c8/Sardina_pilchardus.jpg
Date: 2018-09-26 **von:** Togabi
Künstler: Etrusko25 **License:** Public domain

[i24] - 003_001_001_image_insulin.jpeg
https://upload.wikimedia.org/wikipedia/commons/8/8c/Insulincrystals.jpg
Date: 2018-12-14 **von:** Animalparty
Künstler: NASA/Marshall **License:** Public domain

[i25] - 003_001_001_image_stoffwechsel.jpeg
https://upload.wikimedia.org/wikipedia/commons/2/22/ATP-3D-vdW.png
Date: 2007-01-21 **von:** Benjah-bmm27
License: Public domain

[i26] - 003_001_002_image_makrobiotische_kueche.jpeg
https://upload.wikimedia.org/wikipedia/commons/d/df/%E0%B8%AD%E0%B8%B2%E0%B8%AB%E0%B8%B2%E0%B8%A3%E0%B8%A1%E0%B8%B1%E0%B8%87%E0%B8%AA%E0%B8%A7%E0%B8%B4%E0%B8%A3%E0%B8%B1%E0%B8%95%E0%B8%B4.jpg
Date: 2013-02-14 **von:** สุขพินทุ
License: Public domain

[i27] - 003_002_001_image_blanchieren.jpeg
https://upload.wikimedia.org/wikipedia/commons/e/e9/Blanched_almonds.jpg

Date:	2009-10-26	**von:**	Nadiatalent
License:	Public domain		

[i28] - 003_002_002_image_scfas.jpeg
https://upload.wikimedia.org/wikipedia/commons/e/ef/Acetic-acid-3D-balls.png

Date:	23 May 2007	**von:**	Time3000~commonswiki
Künstler:	Benjah-bmm27	**License:**	Public domain

[i29] - 003_002_002_image_tempeh.jpeg
https://upload.wikimedia.org/wikipedia/commons/8/8b/Tempeh_003.jpg

Date:	2015-01-25	**von:**	Ocdp
License:	CC0		

[i30] - 003_002_003_image_enzyme.jpeg
https://upload.wikimedia.org/wikipedia/commons/1/1c/TPI1_structure.png

Date:	2008-02-27	**von:**	AzaToth
Künstler:	Aza	**License:**	Public domain

[i31] - 003_002_003_image_kimchi.jpeg
https://upload.wikimedia.org/wikipedia/commons/b/b2/Kimchi_pancake_-_Korpan_2023-07-03.jpg

Date:	2023-07-03	**von:**	Onthewings
Künstler:	Andy Li	**License:**	CC0

[i32] - 003_002_003_image_sauerkraut.jpeg
https://upload.wikimedia.org/wikipedia/commons/6/61/German_sausages_in_Tokyo%2C_plus_sauerkraut_and_mustard.jpg

Date:	3 October 2020	**von:**	Syced
License:	CC0		

[i33] - 003_003_001_image_betacarotin.jpeg
https://upload.wikimedia.org/wikipedia/commons/6/65/Beta-Carotene-3D-spacefill.png

Date:	2011-01-27	**von:**	Jynto
License:	CC0		

[i34] - 003_003_001_image_wurzelgemuese.jpeg
https://upload.wikimedia.org/wikipedia/commons/b/b5/Root_vegetable_at_Cuban_street_market.jpg

Date:	2017	**von:**	Sarang
Künstler:	sarang	**License:**	Public domain

[i35] - 003_003_001_image_huelsenfruechte.jpeg
https://upload.wikimedia.org/wikipedia/commons/e/e7/Various_legumes.jpg

Date:	2013-12-13	**von:**	FarnhamJ
Künstler:	Keith Weller, Agricultural Research Service, USDA	**License:**	Public domain

[i36] - 003_003_002_image_mikroorganismen.jpeg
https://upload.wikimedia.org/wikipedia/commons/b/bc/E_coli_at_10000x%2C_original.jpg

Date:	2005-03	**von:**	Brian0918
Künstler:	Photo byfkfkrErbe, digital colorization by Christopher Pooley, both of USDA, ARS, EMU.	**License:**	Public domain

[i37] - 003_003_002_image_trocknen.jpeg
https://upload.wikimedia.org/wikipedia/commons/b/be/Drying_spaghetti%2C_photo_from_The_Encyclopedia_of_Food_by_Artemas_Ward.jpg

Date:	1923	**von:**	Katielemur
Künstler:	Artemas Ward	**License:**	Public domain

[i38] - 003_003_002_image_einmachen.jpeg
https://upload.wikimedia.org/wikipedia/commons/4/43/Strawberry_jam_%28home_preservation%29.jpg

Date:	2016-04-27	**von:**	Ser Amantio di Nicolao
Künstler:	Nutrition, Food Safety & Health	**License:**	CC0

[i39] - 003_003_003_image_thrombozyten.jpeg
https://upload.wikimedia.org/wikipedia/commons/7/7f/Platelet_blood_bag.jpg

Date:	2008-12-01	**von:**	PhilippN
License:	Public domain		

[i40] - 004_001_001_image_eisen.jpeg
https://upload.wikimedia.org/wikipedia/commons/2/23/Odessa_%28iron%29_meteorite%2C_Texas_-_University_of_Arizona_Mineral_Museum_-_University_of_Arizona_-_Tucson%2C_AZ_-_DSC08505.jpg

Date:	2019-10-27	**von:**	Daderot
License:	CC0		

[i41] - 004_001_001_image_zink.jpeg
https://upload.wikimedia.org/wikipedia/commons/8/8a/04_SEM_EDS_zinc_complex.jpg

Date:	11 May 2010	**von:**	File Upload Bot (Magnus Manske)
Künstler:	Emicroprobe	**License:**	Public domain

[i42] - 004_001_002_image_brennnessel.jpeg
https://upload.wikimedia.org/wikipedia/commons/9/99/Nettles_in_R%C3%B6e_g%C3%A5rd_1.jpg

Date:	2019-07-11	**von:**	W.carter
License:	CC0		

[i43] - 004_001_002_image_loewenzahn.jpeg
https://upload.wikimedia.org/wikipedia/commons/f/f0/Taraxacum_turcomanicum.jpg

Date:	2013-09-06	**von:**	Loopy30
Künstler:	Алексей Ябс	**License:**	CC0

[i44] - 004_001_002_image_schachtelhalm.jpeg
https://upload.wikimedia.org/wikipedia/commons/e/e5/Equisetum_arvense_124794357.jpg

Date:	2021-05-01	**von:**	Rudolphous
Künstler:	Dmitry Lyskov	**License:**	CC0

[i45] - 004_001_002_image_rote_bete.jpeg
https://upload.wikimedia.org/wikipedia/commons/7/7b/Beetrot.jpg

Date:	2025-02-03	**von:**	چمچیاس گلیکوم
License:	CC0		

[i46] - 004_001_003_image_leinsamen.jpeg
https://upload.wikimedia.org/wikipedia/commons/8/84/Linum_usitatissimum%2C_Findlay_Township%2C_2024-10-22.jpg

Date:	2024-10-22	**von:**	Cbaile19
License:	CC0		

[i47] - 004_001_003_image_lungenfunktion.jpeg
https://upload.wikimedia.org/wikipedia/commons/1/1f/UOEOxygen.png

Date:	2021-11-05	**von:**	Anpang
License:	CC0		

[i48] - 004_001_003_image_vollkornreis.jpeg
https://upload.wikimedia.org/wikipedia/commons/b/b3/Tricolor_brown_rice.jpg

Date:	2024-04-09	**von:**	Fumikas Sagisavas
License:	CC0		

[i49] - 004_002_003_image_spinat.jpeg
https://upload.wikimedia.org/wikipedia/commons/2/25/Classic_spinach_salad.jpg

Date:	2024-04-16	**von:**	Valereee
License:	CC0		

[i50] - 004_002_003_image_tomate.jpeg
https://upload.wikimedia.org/wikipedia/commons/5/53/Raj%C4%8De1.jpg

Date:	2006-07-02	**von:**	Karelj
License:	Public domain		

[i51] - 004_002_003_image_unloesliche_ballaststoffe.jpeg
https://upload.wikimedia.org/wikipedia/commons/3/3d/Fruit%2C_Vegetables_and_Grain_NCI_Visuals_Online.jpg

Date:	1989	**von:**	Lobo
Künstler:	Unknown authorUnknown author	**License:**	Public domain

[i52] - 004_003_001_image_prostaglandin.jpeg
https://upload.wikimedia.org/wikipedia/commons/0/05/Prostaglandin-E2-from-xtal-3D-bs-17.png

Date:	2021-05-19	**von:**	Benjah-bmm27
Künstler:	Ben Mills	**License:**	Public domain

[i53] - 004_003_002_image_traditionelle_chinesische_medizin.jpeg
https://upload.wikimedia.org/wikipedia/commons/a/af/Traditional_Chinese_medicine_in_Xi%27an_market.jpg

Date:	2006-10	**von:**	Vberger~commonswiki
Künstler:	Vberger	**License:**	Public domain

[i54] - 004_003_003_image_chicore.jpeg
https://upload.wikimedia.org/wikipedia/commons/c/ca/Common_Blue-Sow-Thistle_in_a_patch_of_sunlight.jpg

Date:	2019-07-03	**von:**	W.carter
License:	CC0		

[i55] - 004_003_003_image_sojasauce.jpeg
https://upload.wikimedia.org/wikipedia/commons/9/97/Philippine_dipping_sauce_%28soy_sauce%2C_vinegar%2C_tomatoes%2C_onions%29.jpg

Date:	2020-12-13	**von:**	Obsidian Soul
License:	CC0		

[i56] - 004_003_003_image_zitronensaft.jpeg
https://upload.wikimedia.org/wikipedia/commons/a/a1/Iced_lemon_tea_-_Rawlab_Juice_%26_Tea.jpg

Date:	2023-06-14	**von:**	Onthewings
Künstler:	Andy Li	**License:**	CC0

[i57] - 005_001_001_image_eintoepfe.jpeg
https://upload.wikimedia.org/wikipedia/commons/4/41/Cream_Stew_001.jpg

Date:	2021-07-20	**von:**	Ocdp
License:	CC0		

[i58] - 005_001_001_image_ofengerichte.jpeg
https://upload.wikimedia.org/wikipedia/commons/8/85/Corningware_casserole_dishes.jpg

Date:	2005	**von:**	Doug Coldwell
Künstler:	User:Splarka	**License:**	Public domain

[i59] - 005_001_001_image_suppen.jpeg
https://upload.wikimedia.org/wikipedia/commons/a/a8/Vegetable_beef_barley_soup.jpg

Date:	2006-03-29	**von:**	Elinnea
License:	Public domain		

[i60] - 005_001_002_image_daempfen.jpeg
https://upload.wikimedia.org/wikipedia/commons/e/e7/Steam-boiling_green_asparagus.jpg

Date:	2018-05-03	**von:**	W.carter
License:	CC0		

[i61] - 005_001_002_image_grillen.jpeg
https://upload.wikimedia.org/wikipedia/commons/6/62/Fried_insects_for_sale_in_Cambodia.jpg

Date:	2010-07-23	**von:**	BrokenSphere
Künstler:	Steve Baragona	**License:**	Public domain

[i62] - 005_001_002_image_nuesse.jpeg
https://upload.wikimedia.org/wikipedia/commons/a/ae/Pecans%2C_hazelnuts%2C_walnuts%2C_almonds%2C_Brazil_nuts_on_a_table_with_logs_2.jpg

Date:	2016-12-22	**von:**	Baileynorwood
License:	CC0		

[i63] - 005_001_003_image_pizza.jpeg
https://upload.wikimedia.org/wikipedia/commons/9/91/Pizza-3007395.jpg

Date:	2013-04-20	**von:**	QYYZ
Künstler:	igorovsyannykov	**License:**	CC0

[i64] - 005_001_003_image_popcorn.jpeg
https://upload.wikimedia.org/wikipedia/commons/e/e4/Popcorn_9.jpg

Date:	2020-10-20	**von:**	ViajeroExtraviado
License:	CC0		

[i65] - 005_001_003_image_vollmilch.jpeg
https://upload.wikimedia.org/wikipedia/commons/1/14/Whole_milk_and_2%25_prices_at_%242.09_gallon_Wegmans_2018.jpg

Date:	2018-05-16	**von:**	B137
License:	CC0		

[i66] - 005_002_001_image_belohnungsverzoegerung.jpeg
https://upload.wikimedia.org/wikipedia/commons/1/13/DG_3D_cover.jpg

Date:	2010-12-01	**von:**	Marcus h Webb
Künstler:	Christian Tate features the image ' Freedom Of The Press' by Shepard Fairey	**License:**	CC0

[i67] - 005_002_002_image_bauernmarkt.jpeg
https://upload.wikimedia.org/wikipedia/commons/e/ef/UNU_Farmers%27_Market_2.jpg

Date:	5 August 2023	**von:**	Syced
License:	CC0		

[i68] - 005_002_002_image_gemuese.jpeg
https://upload.wikimedia.org/wikipedia/commons/9/97/Child_working_selling_vegetables_in_downtown_Maracaibo.jpg

Date:	2013-03-16	**von:**	Wilfredor
License:	CC0		

[i69] - 005_002_002_image_obst.jpeg
https://upload.wikimedia.org/wikipedia/commons/e/e0/Citrus_fruits.jpg

Date:	2005-01-15	**von:**	MarkSweep
Künstler:	Scott Bauer, USDA	**License:**	Public domain

[i70] - 005_002_003_image_blutzucker.jpeg
https://upload.wikimedia.org/wikipedia/commons/f/f7/Testing_Blood_Sugar_Levels.jpg

Date:	2015-05-20	**von:**	Laurajohnson09
Künstler:	Reversing Your Diabetes Today	**License:**	CC0

[i71] - 005_003_001_image_omega3fettsaeuren.jpeg
https://upload.wikimedia.org/wikipedia/commons/f/fb/Sunsplash_omega3_leinsameno.jpg

Date:	2005-08-07	**von:**	VisualBeo
Künstler:	Christian H.	**License:**	Public domain

[i72] - 005_003_001_image_vollkornprodukte.jpeg
https://upload.wikimedia.org/wikipedia/commons/3/30/Pork_liver_pate_with_mushrooms%2C_pickled_garli c%2C_and_capers%2C_on_whole_grain_bread_-_Massachusetts.jpg

Date:	9 July 2024	**von:**	Daderot
License:	CC0		

[i73] - 005_003_002_image_brokkoli.jpeg
https://upload.wikimedia.org/wikipedia/commons/0/08/Broccolo_fiolaro.jpg

Date:	12.30.07	**von:**	BetacommandBot
Künstler:	Vajo	**License:**	Public domain

[i74] - 005_003_002_image_olivenoel.jpeg
https://upload.wikimedia.org/wikipedia/commons/9/9e/Olive_Oil_%28Unsplash%29.jpg

Date:	2016-09-27	**von:**	Fæ
Künstler:	robertina	**License:**	CC0

[i75] - 005_003_003_image_weidehaltung.jpeg
https://upload.wikimedia.org/wikipedia/commons/9/97/THE_GATE_TO_A_COW_PASTURE_AT_A_FARM_SURROUNDED_BY_INDUSTRY_NEAR_SOMERVILLE%2C_NEW_JERSEY%2C_IN_THE_NEW_YORK_METROPOLITAN..._-_NARA_-_555821.jpg

Date:	July	**von:**	US National Archives bot
Künstler:	NARA record: 8452212	**License:**	Public domain

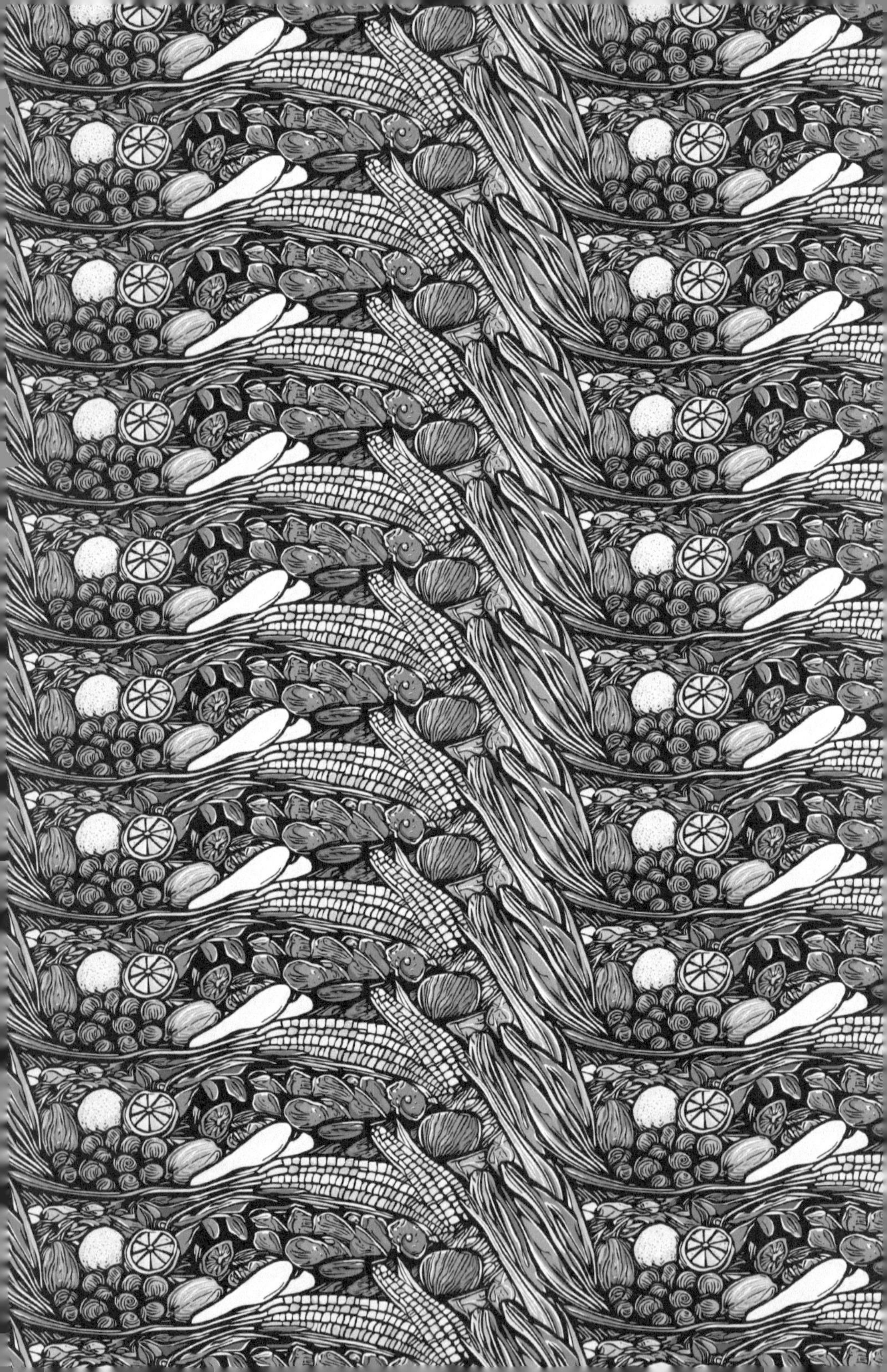

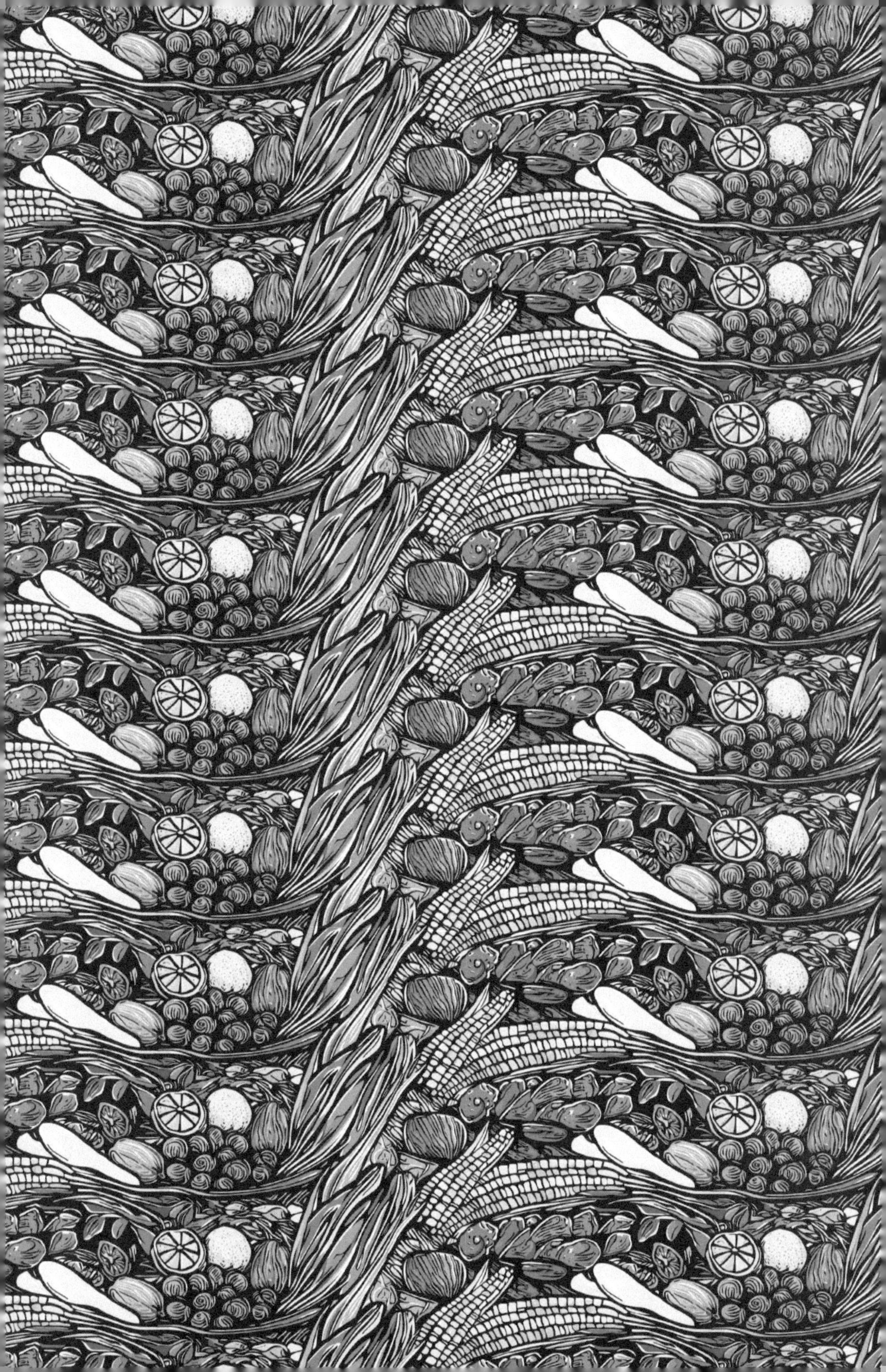

FSC
www.fsc.org
MIX
Papier | Fördert gute Waldnutzung
FSC® C083411

Kolibri 360 GmbH
Ferdinand-Jühlke-Straße 7
99095 Erfurt, Deutschland
produktsicherheit@kolibri360.de